Antonio Manuel Otero Dieguez
Oreste Beato Díaz
Yuddany Pérez Domínguez

La formulación y solución de problemas de lo vivencial significativo.

Antonio Manuel Otero Dieguez
Oreste Beato Díaz
Yuddany Pérez Domínguez

La formulación y solución de problemas de lo vivencial significativo.

Formulación y solución de problemas

PUBLICIA

Imprint

Any brand names and product names mentioned in this book are subject to trademark, brand or patent protection and are trademarks or registered trademarks of their respective holders. The use of brand names, product names, common names, trade names, product descriptions etc. even without a particular marking in this work is in no way to be construed to mean that such names may be regarded as unrestricted in respect of trademark and brand protection legislation and could thus be used by anyone.

Cover image: www.ingimage.com

Publisher:
PUBLICIA
is a trademark of
International Book Market Service Ltd., member of OmniScriptum Publishing Group
17 Meldrum Street, Beau Bassin 71504, Mauritius

Printed at: see last page
ISBN: 978-620-2-43200-9

LA FORMULACIÓN Y SOLUCIÓN DE PROBLEMAS PARA UN APRENDIZAJE VIVENCIAL SIGNIFICATIVO DE LA MATEMÁTICA.

MSc. Oreste Beato Díaz. Licenciado en Educación, Especialidad Matemática. Instituto Superior Pedagógico Holguín. .MSc en Ciencias de la Educación. Instituto Superior Pedagógico Pepito Tey Las Tunas. Profesor a tiempo completo en la Universidad Técnica de Manabí Ecuador. Correo: obdiaz@outlook.com

MSc. Yuddany Pérez Domínguez. Licenciado en Educación, Especialidad Matemática-Computación. Instituto Superior Pedagógico "Pepito Tey". Las Tunas. Máster en Ciencias de la Educación con mención en Matemática. Instituto Superior Pedagógico Pepito Tey Las Tunas. Centro Universitario Municipal Majibacoa, Las Tunas, Cuba. Jefe de Departamento Docente. Profesor Auxiliar. Correo electrónico. yudannypd@ult.edu.cu

Antonio Manuel Otero Dieguez. Doctor en Matemática, Maestría en Física Matemática con especialidad en Ecuaciones Diferenciales, Matemático. Académico con 30 años en la academia Universitaria en Cuba, así como en países extranjeros (Brasil, Venezuela, Colombia, Angola, Ecuador). Publicaciones de artículos en variadas revistas indexadas y publicaciones de libros.

Correo electrónico
oteroecuador@gmail.com

INDICE.

PROLOGO.

El desarrollo acelerado de la ciencia y la técnica en nuestros tiempos, y la cantidad de conocimientos acumulados por el hombre, son realidades de hoy, que colocan a la educación ante un gran reto: preparar a las nuevas generaciones para que puedan vivir de acuerdo con su tiempo, en un mundo donde el ser humano se convierte, cada vez más, en el transformador, y generador de conocimiento, donde los conocimientos se renuevan y enriquecen constantemente.

Hoy se trata de perfeccionar la obra realizada, partiendo de ideas y conceptos enteramente nuevos. Hoy buscamos a lo que a nuestro juicio debe ser y será un sistema educacional que responda cada vez a la igualdad, la justicia plena, la autoestima y las necesidades morales, éticas de los ciudadanos en el modelo de sociedad que defina un desarrollo sustentable y armónico.

Para que esta importante misión de la educación sea posible, se requiere de una actualización constante de los docentes, sus conocimientos en las ciencias y la didáctica del proceso enseñanza-aprendizaje. Para crear las condiciones que garanticen las transformaciones, de un miembro social activo, transformador, motivado, participativo, creativo y crítico no sólo dotado de conocimientos, sino también de riqueza espiritual.

La Matemática, juega un papel importante en la formación y transformación integral del ciudadano, ofreciendo no sólo medios aplicables a la solución de los más diversos problemas de la sociedad. Actúa como formador del carácter, la constancia, el trabajo en equipo. Comprender que el error es solo un punto de partido para el éxito.

La enseñanza de la Matemática ha transitado por diferentes exigencias y entre sus objetivos formativos generales está lograr su vínculo con lo cotidiano y la responsabilidad en el desarrollo del pensamiento lógico-abstracto de los alumnos, como base y parte esencial de la formación integral y armónica de su personalidad.

Las competencias y habilidades a ser desarrolladas en Matemáticas están distribuidas en tres dominios de la actividad humana: la vida en sociedad, la actividad productiva y la experiencia subjetiva. Por lo que la comunidad científica (Matemáticos, Psicólogos, Pedagogos y Educadores Matemáticos) se enfrenta a complejas interrogantes: **¿Para quién Enseñamos Matemática? ¿Qué Matemática Enseñar?, ¿Cómo enseñar Matemática? ¿Cómo aprender Matemática? ¿Cómo evaluar Matemática?** Otero A (2008).

El enfoque didáctico de la asignatura, debe estar dirigido a desarrollar el pensamiento creador y activo, sobre la base de la formulación y solución de sistemas de problemas que estimulen el trabajo independiente y grupal de los alumnos. Mostrando a los estudiantes que la matemática es una herramienta que permite expresar las regularidades de fenómenos y procesos de la sociedad, ciencia y tecnología. Desarrollando habilidades y capacidades para la solución de problemas de lo cotidiano.

La enseñanza de la Matemática debe estar dirigida a un proceso enseñanza aprendizaje, presentando el tratamiento a los nuevos contenidos, a partir del planteamiento y solución de problemas prácticos. Como un medio de desarrollar el pensamiento lógico abstracto de los alumnos, que comprendan la importancia de la asignatura por su aplicación a la vida, a la práctica social. Estas aspiraciones han hecho, que los problemas, propuestos en los libros de textos, hayan perdido actualidad, al no estar diseñados para la necesaria vinculación con la vida, es por eso que el profesor se ve precisado a buscar información actualizada en los medios de comunicación masiva, para así contribuir al trabajo con los objetivos formativos, que traen implícitos las nuevas estrategias didácticas. Definida por las nuevas relaciones, **alumno-profesor-TIC.**

Con estas transformaciones se pone de manifiesto la urgente necesidad de buscar alternativas didácticas, que posibiliten al profesor la formación académica, e investigativa de sus alumnos, desde la vinculación de la propia asignatura con la práctica social, para preparar a los alumnos en una Matemática para la vida.

Lo que significa garantizar que todas las actividades que se realizan en la presentación del contenido estén relacionadas con la realidad social y practica que rodea al estudiante.

Autores

CAPÍTULO I FUNDAMENTOS TEÓRICOS QUE SUSTENTAN LA PREPARACIÓN DEL DOCENTE PARA FORMULAR Y RESOLVER PROBLEMAS MATEMÁTICOS.

Se presentan el diseño para el desarrollo de la investigación didáctica-pedagógica. Algunos elementos que muestran los fundamentos teóricos que definen el concepto **problema**. Las aplicaciones como estrategia didáctica en el proceso enseñanza-aprendizaje.

I.I Diseño de la investigación. Marco teórico-histórico.

En la revisión de la bibliografía consultada se pudo apreciar un número de trabajos, que abordan la temática de la resolución de problemas, entre ellos se destacan: (Polya, 1989; Smilansky, 1984; Labarrere, 1980 y 1988; Silver, 1994; Campistrous y Rizo, 2002)

L. Campistrous y C. Rizo (1996), plantean que las investigaciones demuestran que existen dificultades en los alumnos para resolver problemas, relacionadas con la estrategia metodología seleccionada para su tratamiento, no dirigidas a la búsqueda de procedimientos de actuación para el alumno.

Como resultado de este estudio puede observarse, desde el punto de vista teórico, que las acciones para formular y dar solución a problemas matemáticos, y las indicaciones sobre el tema para la preparación del docente, son insuficientes.

Para lograr las aspiraciones propuestas, se debe trabajar en aras de que el docente labore y dé tratamiento a problemas que integren los contenidos de las áreas matemáticas con lo cotidiano y vivencial, que cumplan con las exigencias de los programas actuales, en cuanto a instrucción y formación, y para lo cual no están suficientemente preparados. Falta sistematicidad en el trabajo metodológico dirigido a la formulación y solución de problemas que integren los contenidos de las áreas matemáticas a lo cotidiano y vivencial de los estudiantes.

El proceso de enseñanza aprendizaje de la Matemática no siempre propicia un aprendizaje vivencial significativo.

Los elementos antes expuestos evidencian las contradicciones existentes entre las exigencias de la enseñanza de la Matemática y la preparación del docente para formular y dar tratamiento a problemas que integren los contenidos de las áreas matemáticas y lo cotidiano para los estudiantes.

Lo cual conduce al **problema** fundamental de la investigación:

¿Cómo potenciar la preparación de los docentes, en la formulación y tratamiento de problemas que integren los contenidos de las áreas matemáticas a lo cotidiano?

El **objeto de estudio de la investigación:** el proceso de superación de docentes.

El objetivo de esta investigación: elaborar una propuesta metodología dirigida a potenciar la preparación de los docentes en la formulación y solución de problemas que integren los contenidos de las áreas matemáticas a lo vivencial y cotidiano de los estudiantes.

Su **campo de acción:** la formulación y solución de problemas que integren los contenidos de las áreas matemáticas a lo vivencial y cotidiano de los estudiantes.

Como **hipótesis** de este trabajo se plantea que:

La preparación de los docentes, para la formulación y tratamiento de problemas que integren los contenidos de las áreas matemáticas con lo vivencial y cotidiano, requiere de una estrategia metodología flexible, contextualizada e individualizada, para garantizar un aprendizaje vivencial significativo.

Para dar cumplimiento al objetivo general de la investigación se realizaron las siguientes **tareas:**

1. Estudio de la superación de los docentes, en la preparación para la

formulación y solución de problemas que integren los contenidos de las áreas matemáticas con lo vivencial y cotidiano.

2. Sistematizar los fundamentos, que, en el orden filosófico, psicológico y pedagógico, sustentan la metodología dirigida a potenciar la preparación de los docentes, en la formulación y solución de problemas que integren los contenidos de las áreas matemáticas con lo vivencial y cotidiano.
3. Caracterizar el estado actual de la preparación de los docentes, en la formulación y solución de problemas que integren los contenidos de las áreas matemáticas.
4. Diseñar una estrategia metodología, dirigida a potenciar la preparación de los docentes en la formulación y solución de problemas que integren los contenidos de las áreas matemáticas con lo vivencial y cotidiano.
5. Corroborar la efectividad de la aplicación de la estrategia metodología diseñada, dirigida a potenciar la preparación de los docentes, para la formulación y solución de problemas que integren los contenidos de las áreas matemáticas con lo vivencial y cotidiano para el logro de un aprendizaje significativo.

Para el desarrollo de la investigación, se emplearon diferentes métodos y técnicas:

De nivel teórico:

Histórico y lógico: Permitió definir el problema objeto de estudio, sus regularidades, y contradicciones, su relación dialéctica con el campo de acción.

Análisis y síntesis: Se realizó la valoración de la información de la literatura consultada, la interpretación de datos, lo que mostro la actualidad del objeto de investigación. Mostrando los fundamentos filosóficos, psicológicos y pedagógicos del problema de la superación de los docentes en la formulación y solución de problemas que integren los contenidos de las áreas matemáticas con lo vivencial y cotidiano, que sustentan la estrategia metodológicos propuesta.

Modelación: Utilizado para modelar la metodología, sus partes integrantes, concebir la estructura de las acciones y las relaciones entre etapas y acciones.

De nivel empírico:

Entrevista: Constatar el dominio de los docentes y directivos acerca de la formulación y tratamiento de problemas matemáticos.

Estudio del producto de la actividad pedagógica: con el fin de analizar los datos y revisar los documentos de los profesores, para constatar si elaboran y dan tratamiento a los problemas que integren los contenidos de las áreas matemáticas con lo vivencial y cotidiano.

El experimento pedagógico: se utilizó para constatar la efectividad de la metodología.

Estadístico:

Porcentual: este procedimiento estadístico se empleó para el análisis cuantitativo y la interpretación cualitativo de los datos.

El marco conceptual de la investigación tiene como **fundamento teórico-metodológico**: el Enfoque Histórico Cultural de L.S. Vigostky (1982, 1987), la Teoría de la Actividad de A.N. Leóntiev (1979, 1981, 1986) y algunos aspectos de la Teoría de la Formación por Etapas de las Acciones Mentales de P. Ya. Galperin (1986, 1987).

Así como resultados de investigaciones sobre el tema de formulación y solución de problemas y modelos, de autores e investigadores como: G. Polya (1989), Mason (1989), A.F. Labarrere (1987, 1987, 1988), M. de Guzmán (1991, 1993), J. Gascón (1994), L. Campistrous y C. Rizo (1996).

La novedad: Se diseña una estrategia metodológica que permite la formulación y tratamiento de problemas que integren los contenidos de las áreas matemáticas con lo vivencial y cotidiano.

La **significación práctica** radica fundamentalmente en la elaboración y puesta en práctica de una metodología estructurada en etapa y acciones, cuyas características estructurales modelan las operaciones para formular y tratar problemas que integren los contenidos de las áreas matemáticas con lo vivencial y cotidiano.

I.II Análisis histórico de la preparación del docente para formular y solucionar problemas matemáticos con lo vivencial y cotidiano.

La educación como obligación de todo gobierno, para garantizar el desarrollo sustentable, continuo y armónico, dirigido a la formación integral de cada miembro de la sociedad, derecho de todos. Es fundamental para alcanzar el desarrollo social, científico y tecnológico de todo país.

La contextualización de los conceptos y teorías de la Matemática a través de **modelos matemáticos** que expresen procesos y fenómenos de lo cotidiano, deben estar presentes en prácticas didácticas – pedagógicas. Para mostrar como las abstracciones de la Matemática revolucionan nuestra precepción del mundo, como estos conceptos y teorías descubren regularidades presentes en fenómenos y procesos.

Además de mostrar que en muchas ocasiones las abstracciones matemáticas preceden los resultados tecnológicos.

Entonces el Educador Matemático se presenta como sujeto capaz de incidir positivamente en la forma de pensar y actuar de las nuevas generaciones, dotarlos de métodos y herramientas que le permitan utilizar de forma efectiva los avances científicos-tecnológicos.

Como resultado de los trabajos de la comunidad de investigadores con el objetivo de obtener respuestas a las interrogantes presentadas y el éxito en el proceso de enseñanza – aprendizaje dela Matemática, se han desarrollado estrategias (tendencias) didácticas como alternativas a la enseñanza tradicional (expositiva y memorística), todas interesantes, cualquiera que sea su origen y nivel. Por sólo citar algunas:

1. El operacionalismo en la educación Matemática.
2. Aprender descubriendo.
3. Procesamiento de la información.
4. Enseñanza por formulación y solución de problemas.

5. La comunicación en la Educación Matemática.
6. Razonamiento Matemático.
7. Aprendizaje significativo.
8. Aprendizaje vivencial.
9. El uso de software, en general las TICs.

Las estrategias no tienen carácter excluyente, al contrario, ellas se complementan, compartiendo acciones en busca del éxito en el proceso enseñanza – aprendizaje de la Matemática en los diferentes niveles de enseñanza.

La preparación del profesor para formular y presentar solución que integre contenidos de las áreas Matemáticas con lo vivencial y cotidiano. Expresar problemas como modelos matemáticos y la solución de los mismos. Debe estar dirigidos al logro de conocimientos sólidos en las direcciones que se proponen, Otero A (2008):

1 . La propia ciencia Matemática.
   Para poder enseñar matemática hay que saber matemática.
2 . La didáctica de la Matemática.
   Pasar de la empírea a la aplicación de estrategias que conduzcan al estudiante, convertirse en sujeto activo en la búsqueda y construcción del conocimiento.
3. Las TIC
   Solo estando dentro y ser parte de los nuevos adelantos de la ciencia y la tecnología nos permitirá saber su conveniencia e inconveniencia en su utilización en el proceso enseñanza-aprendizaje.
4. Una cultura general integral.
   Enseñar como cultura sin descuidar para quien enseñamos, que enseñamos.

Para la realización de la investigación se consideraron y evaluaron los siguientes indicadores:

- Formación profesional del docente según los planes de estudio respecto a: lo académico, lo laboral y lo investigativo.
- Documentos para dirigir el proceso de enseñanza aprendizaje de la Matemática.

- Funcionamiento del trabajo metodológico.
- Tratamiento a la formulación y solución de problemas en los programas analizados.

Primera etapa (1959-1975): de ordenamiento

En este mismo año, 1959, se comienzan a realizar profundas trasformaciones económicas y sociales, dentro de estas tiene lugar La Reforma Educacional. Esta fue una etapa dinámica, en las condiciones de una Revolución naciente. El Estado debía buscar variantes para poder garantizar sus nuevos enfoques. "Cuántas soluciones fue necesario encontrar por el camino: el problema de los maestros (...) todo lo que sabíamos nosotros de educación cuando triunfó la Revolución, era que había que desarrollar la educación y algunas ideas de cómo hacerlo". (Castro, F. 1993). A este llamado de la Revolución se incorporaron, en su mayoría, jóvenes procedentes de la secundaria básica, por lo que estos profesores no tenían una adecuada preparación teórica y metodológica para enfrentar esta tarea.

Muestras de carencia de preparación encontramos en los Maestros, Equiparados, Habilitados, Normalistas, en los miles de maestros desempleados que al triunfo de la Revolución se les otorgó empleo, en el movimiento de Maestros Voluntarios, en la Brigada de Maestros de Vanguardia "Frank País", en el movimiento de Maestros Populares. "...numerosos alumnos de diferentes especialidades universitarias recibieron cursillos de preparación pedagógica básica y comenzaron de inmediato a impartir clases a la vez que continuaban sus propios estudios y muchos ciudadanos, entre ellos amas de casas, ingresaron como maestros populares para impartir clases en aulas de primaria y secundaria" (Reseña de la Educación en Cuba, 2006).

El incremento masivo de la matrícula, evidenció la carencia de profesores idóneos "era mucho menos factible improvisar profesores para el nivel medio" (Castro, F. 1992), la incorporación a los planes de la escuela en el campo, el surgimiento del Destacamento Pedagógico "Manuel Ascunce Domenech", entre otras circunstancias revelaron que los profesores que las enfrentaron tuvieron notables insuficiencias didácticas que frenaron su capacidad de decisión en torno a los problemas específicos de su práctica pedagógica. Tal situación atentó contra la utilización de situaciones problémicas y problemas en el desarrollo de las clases de Matemática.

Con el objetivo de superar a los profesores y dirigentes educacionales del país, en 1960 se crea el Instituto Superior de Educación (ISE), que tiene dentro de sus principales tareas, dirigir la capacitación de los profesionales que la Revolución necesitaba para educar a las nuevas generaciones.

En 1964 surgen los Institutos Superiores Pedagógicos, donde se inicia la formación pedagógica de profesores para la educación media y se preparaba a los profesores por especialidades para ejercer la docencia. (V. Arencibia, 2000)

Durante esta etapa la preparación estuvo dirigida a que el personal docente se actualizara en cuanto al dominio de las asignaturas para cumplir los propósitos del nuevo sistema educativo, se realizaban las ayudas técnicas, las que luego se convirtieron en preparación metodológica realizada en las cátedras por asignatura.

Al surgir la enseñanza Media Básica, se deciden los currículos por comisiones creadas al efecto y los contenidos de la Matemática fueron extraídos del antiguo campo socialista. En la enseñanza de esta asignatura no se consideraba la formulación de problemas como objetivo esencial que debía adquirir el alumno.

Se consultaron orientaciones metodológicas y programas detallados que les sirvieron de apoyo a estos profesores noveles que aún no estaban preparados. En ellos se constató falta de flexibilidad y, según el criterio de protagonistas del período, así se reflejó en la implicación de los profesores con propuestas de trabajo reproductivas, selladas por la repetición, independientemente del contexto. Se produjo una necesaria centralización, pero provocó que escasearan problemas cercanos a los alumnos, con significado para ellos, vinculados con sus vidas y a sus formas de aprender, es decir en correspondencia con las necesidades e intereses cognitivos de los alumnos, provocando que los alumnos no sintieran interés por aprender la asignatura.

Los materiales básicos para la docencia estuvieron descontextualizados, ajenos a la realidad que vivían los alumnos en el país. El estudio de estos libros nos permitió precisar que fueron conformados por ejercicios y problemas que no atendían al desarrollo, con preguntas esencialmente reproductivas, dirigidas fundamentalmente a lo cognitivo.

Esta etapa se caracterizó por las reformas radicales que se aplicaron para eliminar los rasgos heredados del capitalismo, la enseñanza se realizaba de forma memorística y reproductiva, los cambios que se operaban en la práctica escolar eran muy lentos, y no existía una variada bibliografía para el trabajo con la resolución de problemas.

Segunda etapa (1975-1989): de perfeccionamiento

El paso de la primera etapa a la segunda fue consecuencia del inicio de la aplicación del Plan de Perfeccionamiento del Sistema Nacional de Educación, con transformaciones “enfocadas a la elevación de la calidad de la educación” (Centro de Información para la Educación, 2006). Ocurrió un “importante cambio cualitativo en el contenido y estructura de los planes de estudio y en las concepciones del trabajo didáctico y metodológico” (Fernández, J. R. 1986), que incidió en la dirección del proceso de enseñanza aprendizaje de la Matemática.

En el mundo ocurrió “un replanteamiento de la función profesor” (Rico, 2006). Ganaron espacios las tendencias de la enseñanza de la Matemática referidas al procesamiento humano de la información, al mismo tiempo, se comenzó a imponer la tendencia de la enseñanza de la Matemática por problemas.

La preparación del personal docente que trabajó con la asignatura aumentó con respecto a la etapa anterior, “para ingresar en el Destacamento Pedagógico se requería el título de bachiller (...) casi podemos decir el ciento por ciento de los graduados del Destacamento Pedagógico se han matriculado en las universidades, para hacer dos años más de estudio y obtener el título de Licenciados en Educación” (Castro, F. 1978). Apareció el Plan FQM al ser “pocos relativamente los que quieren estudiar Matemática, Física y Química” (Castro, F. 1978), con lo que se hicieron planes de formación en esas áreas específicas, con mucho rigor a partir de egresados de las escuelas pedagógicas.

En esta década, la formación pedagógica sufrió cambios en función de elevar cada vez más la calidad profesional del personal docente, surge el Instituto de Perfeccionamiento Educacional (IPE) que en cada territorio tenía la responsabilidad de perfeccionar la superación de los profesores en ejercicio y de desarrollar el trabajo metodológico para elevar la calidad y el nivel de preparación de los profesores, los que en este entonces se agrupaban por asignatura formando una cátedra.

Lo anterior contribuyó a conocer mejor las mayores necesidades e intereses de los alumnos, dominar el contenido, el tratamiento metodológico de los programas que impartieron y los principales problemas nacionales e internacionales. Lo que favoreció el vínculo entre los contenidos de las diferentes asignaturas de un mismo grado del nivel.

En esta etapa no se realizaba ninguna preparación para la formulación de problemas matemáticos. Los programas utilizados hasta 1987 brindaban una amplia información en cuanto a métodos y procedimientos para el tratamiento del contenido, pero en ellos la formulación y solución de problemas de lo vivencial y cotidiano no constituye un objetivo esencial.

El estudio de los programas, libros y orientaciones metodológicas que se utilizaron de 1975 a 1984, nos permitió constatar ejemplos descontextualizados, con la visión de pedagogos alemanes, hubo un aumento en la atención al desarrollo de los alumnos, con un alto nivel de exigencia en cuanto a la información científica y sobre el tratamiento metodológico del contenido.

Para la preparación del profesor en ejercicio se utilizaban diferentes modalidades, hasta ese entonces la preparación metodológica estuvo dirigida a realizar tratamiento metodológico al contenido de las asignaturas, y se había implementado el Entrenamiento Metodológico Conjunto, como método y estilo de trabajo para perfeccionar la preparación de los profesores en el puesto de trabajo, la que estaba dirigida por el Jefe de Cátedra (coordinador de las actividades académicas administrativas).

Los contenidos estuvieron dirigidos a la contextualización del proceso de enseñanza aprendizaje, aunque todavía lejos de la realidad cubana, pero la metodología que se empleó se manifestó descontextualizada. No se consideró la realidad cambiante del contexto particular para este proceso con la fuerza que se requiere.

En la acción del profesor "Se hizo patente la contradicción entre el promocionismo y la calidad de la enseñanza (...) repasos que prácticamente indicaban al alumno cuáles iban a ser las preguntas del examen se ofrecieron muchas clases que dejan bastante que desear. Para esta etapa se habló de promocionismo, (...) indisciplina, (...) poca calidad de las clases, (...) exceso de contenido por asignatura.

Tercera etapa (1989-2002): de adecuación

El paso de la segunda a la tercera etapa fue consecuencia de la modificación de los programas, orientaciones metodológicas y libros de textos para conformar un ciclo que garantizara una formación cultural y un nivel básico común, propiciar que el programa pudiera adecuarse a las características del entorno de la escuela, respondiera a las necesidades, intereses y capacidades de los alumnos y se pudieran incrementar las decisiones del profesor, así como la relación profesor-alumno-comunidad. Esto significó un aumento en la atención al desarrollo de los alumnos con respecto a la etapa anterior.

En esta etapa, cobraron fuerza la Comunicación en el proceso de enseñanza de la Matemática, como un enfoque didáctico y el Razonamiento Matemático como una de las tendencias didácticas más importantes.

La preparación de los profesores se elevó en este período. Contaron con mayor experiencia en el ejercicio de su profesión, lo que ratificó que "mientras mayor es la preparación pedagógica del profesor, mayor es su comprensión de lo complejo que resulta el proceso de enseñanza y aprendizaje, y su labor cotidiana se transforma en un trabajo permanente de investigación" (Herrera, J. L. 2006). Se incrementaron las investigaciones y su impacto en la enseñanza, la introducción de los resultados y la búsqueda de alternativas didácticas.

En el curso 1995-1996 desaparecen las cátedras por asignaturas y surge el Departamento Docente, estructurado por área del conocimiento, siendo este la célula fundamental del trabajo metodológico.

A partir del curso (1989-1990) se introducen nuevos programas en todos los niveles educativos, se incluyeron nuevos Libros de Textos y Orientaciones Metodológicas de autores cubanos. Sobre la formulación de problemas en estos documentos se puede observar que en el proceso enseñanza aprendizaje son necesarios los ejercicios que constituyen exigencias mínimas de cada unidad temática y se brindan más orientaciones a los profesores en cuanto al tratamiento metodológico a la resolución de problemas, aunque no se considera la formulación de problemas como un objetivo esencial.

En el curso 1997-1998 se introduce en todos los niveles educativos el Programa Director de Matemática, que tiene como objetivo fortalecer la formación matemática de los alumnos y con ello elevar la calidad del proceso de enseñanza aprendizaje de esta asignatura. Este programa declara en uno de sus objetivos enunciar y resolver problemas en los que se apliquen conocimientos y habilidades adquiridas por los alumnos.

Esta etapa se caracterizó por existir una mayor preparación del profesor en las instituciones, pero se mantiene la concepción de la asignatura, la preparación metodológica se fortalece con la creación del Departamento Docente como célula básica de este trabajo en la escuela y con la instrumentación del Programa Director de la asignatura Matemática comienza a introducirse la formulación de problemas en las asignaturas del área de Ciencias Exactas y Ciencias Naturales.

En el estudio de trabajos científicos del período se pudo comprobar que una línea de investigación que tomó fuerza fue la sistematización de los conocimientos matemáticos. Esto repercutió favorablemente en la solidez de los conocimientos, la motivación y de forma general en el interés por la Matemática.

El éxodo de profesores, atentó contra la calidad de las propuestas educativas que se programaron. Hubo que enfrentar "la angustiosa búsqueda de ayuda entre los alumnos universitarios (...), la utilización casi permanente de los alumnos que cursan estudios en los institutos superiores, las apelaciones a voluntarios entre profesionales de nivel universitario, los cambios o confecciones de horarios que se ajusten a las escaseces de profesores.

Un profesor especializado por materia tuvo que atender numerosos grupos, que ascendieron a cientos de alumnos, hecho que no le permitió realizar con la calidad necesaria el trabajo académico educativo con todos ellos.

Se introdujeron "modificaciones de la evaluación del nivel medio (...) se eleva el papel del maestro y se concilian aspectos pedagógicos de la evaluación con la cantidad y la calidad de lo que enseñaron" (Medina, Y. 2006) con lo que se toma más en cuenta su criterio de manera que se flexibiliza más el proceso y convoca a su planificación. Además, se elevó la contextualización de los materiales básicos para la docencia y se adecuaron más a quienes aprendieron.

En esta etapa se incrementó la contextualización que se propuso alcanzar en los objetivos, con ejemplos como "Comprender que la Matemática es un reflejo de la realidad objetiva, de las necesidades de la sociedad y lo cotidiano". El contenido se enfocó en "Situaciones concretas de la vida práctica (...) interpretación de fenómenos de la realidad objetiva (...) modelación de problemas concretos de lo cotidiano"

En esta etapa se produce un salto cualitativo en el proceso de formación inicial del personal docente. El interés del estado y del gobierno por transformar la educación, queda sustentado, en ofrecer la oportunidad a los profesores de todo el país de estudiar el nivel universitario. Los profesores cuentan con Orientaciones Metodológicas y Programas normados para trabajar la solución de problemas y estos se trabajaban utilizando palabras claves. La superación recibida por los profesores fue por diferentes modalidades desde su puesto de trabajo, con seminarios, talleres, clases demostrativas y Metodológicas, aprovechando al máximo las capacidades de los Jefes de Departamento.

Cuarta etapa (2002-hasta la actualidad): de transformaciones

El paso de la tercera a la cuarta etapa fue consecuencia de transformaciones que incluyeron la aparición de la tele-profesor y el Profesor General Integral como parte del redimensionamiento de la Política Educacional Cubana. Dirigida en lo fundamental al logro de una mayor influencia educativa demandó de los profesores un mayor nivel de profesionalidad y autonomía en el momento de enfrentar los programas de estudios.

Se hizo creciente la tendencia del aprendizaje vivencial de la Matemática, "(...) todos los alumnos tienen acceso a una educación matemática atractiva y de calidad. Hay expectativas ambiciosas para todos y adaptaciones para los que las necesiten. Los profesores (...) están perfeccionándose continuamente como profesionales..." (Principios y Estándares para la Educación Matemática, 2003).

En Cuba se comenzó a aplicar un "método audaz y revolucionario (...) suma los sólidos conocimientos de los profesores especializados, un pujante contingente de jóvenes profesores emergentes comprometidos a impartir todas las materias, acompañar y transitar con sus alumnos durante los tres cursos, y el empleo exhaustivo y sistemático de los más modernos medios audiovisuales. Las escaseces generales de aulas nos obligan a buscar alternativas y experimentar con grupos de 30 y hasta 45 alumnos con dos o tres profesores, según el caso, aunque manteniendo siempre el principio de que un profesor atenderá específicamente a 15 de ellos dentro de esos grupos mayores.

En esta etapa desaparece el Departamento Docente, los profesores se agrupan por consejos de grados y asumen la responsabilidad de dirigir el aprendizaje de las asignaturas del grado aun cuando carecen de los recursos técnicos y metodológicos necesarios para enfrentar los programas de las que no son especialistas.

En los programas de Matemática se incrementó la contextualización desde los objetivos, con ejemplos como "Resolver problemas relacionados con la vida (...) de su hogar y escuela, lo cotidiano", en tanto que el contenido más contextualizado se enfocó en el "vínculo con la vida".

Aún cuando ocurrieron transformaciones en el enfoque metodológico general, en el que "los problemas se tratarán como una situación del medio natural o social en el que se desenvuelve el alumno", se mantuvo la contradicción entre los contenidos que se plantearon y la metodología que se implementó para ello, sin la coherente contextualización de las interacciones en el proceso de enseñanza aprendizaje de la Matemática.

Se percibió, según el criterio de varios especialistas: la necesidad de una mejor preparación de los profesores para impartir todos los contenidos". Sin embargo, para atenuar esta situación aparecieron las video-clases impartidas por prestigiosos profesores, de forma que garantizara una educación matemática atractiva y de calidad para todos. Estos no solo incidían en la preparación de los alumnos en todo el país, sino que se convirtieron en diarias clases metodológicas demostrativas para los profesores, lo que fue clave en la preparación de los profesores junto al trabajo metodológico de cada uno de los grados.

En esta etapa se introducen como vías de superación la observación de vídeoclases, el estudio a través de la colección de software educativo y de una amplia bibliografía en soporte digital e impresa existente en las escuelas y la preparación metodológica donde se brindan los contenidos invariantes en cada una de las asignaturas.

Como consecuencia aumentó la preparación del personal docente, constatado también en la voluntad política, cada vez habrá más profesores y más preparados. Sin embargo, el material básico para la docencia estuvo compuesto por los mismos libros editados en el inicio de la anterior etapa, mientras se trabajó en otros complementarios en soporte digital más contextualizados y con un aumento en la atención al desarrollo de los alumnos con respecto a la etapa precedente. Estos no estuvieron en todas las instituciones y aquellos ya no ofrecían una representación de los contenidos del grado en correspondencia con el programa, lo que afectó el trabajo metodológico y la actuación de los profesores.

El trabajo metodológico perdió flexibilidad y se elevaron los niveles de dependencia a documentos, aunque se le pidió creatividad al profesor y se les brindó más participación a los profesores especialistas. Se limitó la actuación de los profesores generales integrales. Sus esfuerzos en esta dirección se quedaron hasta la planificación de clases, sistemas de clases y la dosificación de los contenidos por ofrecer, establecida en clases con soporte digital.

En la enseñanza de la Matemática comienza a aplicarse un nuevo programa en el curso 1999-2000, actualmente vigente, donde se precisa el papel de esta asignatura en el cumplimiento de los Objetivos Formativos generales, se organizan los contenidos y se precisan los métodos más efectivos para el trabajo.

En este programa es objetivo de la asignatura en el nivel: formular y resolver, con los recursos de la matemática elemental, problemas relacionados con el desarrollo político, económico y social del país y el mundo, así como con fenómenos y procesos científico-ambientales que le conduzcan a actitudes revolucionarias y responsables ante la vida.

Por primera vez, se exige que los alumnos formulen problemas, sin embargo, sólo aparece declarado como objetivo y los programas existentes no brindan al profesor las orientaciones necesarias para llevar a cabo el tratamiento metodológico, ni se orientan bibliografías que le permitan profundizar en el tema e integrar contenido.

Las características fundamentales de esta etapa son: los departamentos docentes son convertidos en consejos de grados y la preparación metodológica se fortalece con la implementación del sistema de trabajo metodológico, se mantiene la formación profesional con un nivel superior ya que adquiere un carácter integrador con la aparición del Profesor General Integral, existe un debilitamiento en la adquisición teórica de la Matemática aunque hay un mayor nivel de cultura integral y aunque la formulación de problemas se convierte en una exigencia en la enseñanza de la Matemática no permiten la integración de contenidos.

En esta etapa los profesores reciben una mejor preparación, se potencia el trabajo metodológico en función de la formulación y la solución de los problemas concretos de cada centro docente, diseñando esta preparación por los indicadores fundamentales que reflejan el resultado del aprendizaje de los alumnos y la caracterización de cada profesor. Además, los maestros cuentan con vídeos, software educativo: "Problemas Matemáticos I y II", cursos de superación, donde se trabajan contenidos específicos, métodos, procedimientos, medios de enseñanzas, todo esto en función de elevar su preparación

A partir de la caracterización de cada etapa se determinaron como tendencias:

- El proceso de superación del profesor para el desarrollo del proceso de enseñanza aprendizaje de la Matemática ha estado marcado por su contexto, espacio temporal.
- La formación y preparación de los profesores ha sido una prioridad en la política educacional que lleva a cabo el gobierno en cada una de las etapas estudiadas.
- El sistema de trabajo metodológico que se instrumenta constituye la vía fundamental de preparación de los profesores para el cumplimiento de su rol social, académico, educativo.
- El tratamiento a la formulación y solución de problemas en la enseñanza de la Matemática no tiene un carácter sistémico, por lo que no se aprovechan sus potencialidades para el logro de los objetivos formativos y la integración de contenidos.
- Los documentos normativos para la dirección del proceso de enseñanza aprendizaje de la Matemática no brindan orientaciones para garantizar la preparación metodológica del Profesor I en la formulación y solución de problemas que integren los contenidos de las áreas Matemáticas con lo vivencial y cotidiano para el logro de un aprendizaje significativo.

I.III Fundamentos teóricos generales de la formulación y tratamiento de problemas que integren los contenidos de las áreas matemáticas.

En el proceso de obtención de nuevos conocimientos, y en su vida en general, el alumno se enfrenta sistemáticamente a diversos problemas cuya solución puede, a su vez, generar la formulación de nuevos problemas.

Entre los conceptos esenciales que se incluyeron en el estudio se encuentra el de problema escolar. En este sentido, en la literatura, existen diversas acepciones atendiendo a diferentes puntos de vista. La definición de problema es compleja y ha sido enfocada desde distintos ángulos (filosófico, pedagógico, didáctico) por distintos autores:

"Es aquella tarea cuyo método de realización y cuyo resultado son desconocidos para el alumno a priori, pero que éste, poseyendo los conocimientos y habilidades necesarios, está en condiciones de acometer la búsqueda de los resultados o del método que ha de aplicar". (Barrios, 1987).

"Situación o conflicto para el que no tenemos respuesta inmediata, ni algoritmo, ni heurística, ni siquiera sabemos qué información necesitamos para intentar conseguir una respuesta". (Garret, 1995)

"Situación nueva o sorprendente, a ser posible interesante o inquietante, en la que se conocen el punto de partida y donde se quiere llegar, pero no los procesos mediante los cuales se puede llegar. Es, por tanto, una situación abierta que admite varias vías de solución". (Pozo, 1995). En todas las definiciones anteriores se evidencia que el problema debe crear una tensión intelectual en el sujeto que la enfrenta, tratando de buscar la solución, donde la vía de solución es desconocida, pero no se habla en algunas de ellas de la necesidad que debe lograrse para que el individuo o grupo quiera resolver el conflicto. No se valora la motivación y en otras no se tiene en cuenta si los que lo van a resolver cuentan con los medios para ello, (conocimientos).

Según C. Álvarez (1998) un problema es "... la situación inherente a un objeto que determina una necesidad en un sujeto, el cual desarrolla una actividad para transformar el objeto." En esta definición se evidencia el carácter subjetivo de los problemas porque para que este exista como tal, tiene que generar una necesidad en el sujeto.

Alberto F. Labarrere. S (1998) plantea que es toda situación en la cual, dadas determinadas condiciones, se plantean exigencias. Estas no pueden ser cumplidas o relacionadas directamente con la aplicación inmediata de los conocimientos asimilados, sino que se requiere de la combinación, la transformación de estos en el curso de la actividad que se denomina resolución.

Para Sergio Ballester (2007) "Un problema es un ejercicio que refleja, determinadas situaciones a través de elementos y relaciones del dominio de las ciencias o la práctica, en el lenguaje común y exige de medios matemáticos para su solución. Se caracteriza por tener una situación inicial (elementos dados, datos) conocida y una situación final (incógnita, elementos buscados) desconocida, mientras que su vía de solución también desconocida se obtiene con ayuda de procedimientos heurísticos.

Este concepto refleja en su contenido la estructura de un problema, los datos, las relaciones y las incógnitas, que son elementos importantes tanto para la resolución como para la formulación de éstos, pero no tiene en cuenta las situaciones que sin tener texto constituyen verdaderos problemas para el que lo va a resolver.

En las investigaciones que se ha realizado al respecto se asumió como concepto el que se ajusta mejor a las concepciones actuales y que responde a las propias necesidades, por lo que aparece recogido en el libro "Aprende a resolver problemas aritméticos" de Campistrous y Celia Rizo. **Se denomina problema a toda situación en la que hay un planteamiento inicial y una exigencia que obliga a transformarlo".** Más adelante, en ese mismo texto, plantea: en la solución de problemas hay al menos dos condiciones que son necesarias: "**La vía tiene que ser desconocida y el individuo quiere hacer la transformación".** (Campistrous, 1996). En esta definición queda evidenciado el carácter objetivo del problema, en tanto es una situación presente en el objeto, y el carácter subjetivo, pues para que exista el problema, la situación debe generar una necesidad en el sujeto.

El problema tiene carácter subjetivo, expresa la necesidad de búsqueda de solución y desarrollar el conocimiento científico, puesto que es el reflejo de una contradicción entre el conocimiento y la falta de éste, que objetivamente puede surgir durante el desarrollo de la sociedad, en cualquier actividad que realiza el hombre, incluyendo, por tanto, el proceso de enseñanza–aprendizaje.

Se refleja, de este modo, que la contradicción es la fuente de desarrollo de los conocimientos, porque impulsa la búsqueda por el individuo que la asimila, la comprende y se motiva a resolverla, provocando la motivación, el movimiento del pensamiento creador. Llevado al plano del proceso de enseñanza– aprendizaje de las ciencias el ciclo de la creación científica: hechos–hipótesis.

Modelo–consecuencias–análisis–experimento (Razumovski, 1987)

Una de las deficiencias que a menudo encontramos en la escuela es el desconocimiento de profesores y alumnos en diferenciar un ejercicio, y que es un problema, se tiene la idea que un problema siempre tiene un texto y que, en Matemática, todo ejercicio con texto es un problema. Por lo que se hace necesario establecer la diferencia que existe entre ejercicio y problema.

En la bibliografía consultada se encontraron distintas definiciones de lo que es un ejercicio, ninguna de ellas excluyentes y aunque se habla en distintos términos, todas se expresan sobre ideas similares. De ellas la de más claridad, según criterio de los autores, es la dada por Ballester 1992. "Un ejercicio es una exigencia que propicia la realización de acciones, solución de situaciones, deducción de relaciones, cálculo, algoritmo. De cada acción debe precisarse el objetivo que nos mueve a transformar la premisa para obtener la tesis; el contenido que comprenden los tipos de acciones (identificar, comparar, clasificar, fundamentar), el objeto de las acciones (conceptos, proposiciones, procedimientos algorítmicos), la correspondencia entre situaciones extramatemáticas y matemáticas, los procedimientos heurísticos y los medios heurísticos auxiliares" (Ballester, 1992), que es lo que comúnmente se conoce.

Según Jungk (1986), existen ejercicios de aplicación, que son los que tienen origen en la práctica y requieren de un modelo matemático que expresa la relación entre sus variables y ejercicios construidos que son los que se conciben con fines didácticos, o sea para ejercitar, profundizar, sistematizar, y estos últimos se dividen en formales, como puede ser, calcula, simplifica, resuelve un sistema de ecuaciones, una ecuación, etcétera y con texto que pueden ser puros de Matemática, o bien relacionados con la práctica. (Jungk, 1986).

Las diferencias entren ejercicio y problema está claramente expresada en la definición de problema que hiciera Kantowki. Un problema es una situación que difiere de un ejercicio en que, él que resuelve el problema no tiene un proceso algorítmico que lo conducirá con certeza a la solución. (Kantowki, 1981).

Para A. Labarrere, la estructura de todo problema matemático está dada por el contenido, las condiciones y la exigencia.

El contenido comprende el conjunto de objetos, magnitudes, valores de magnitudes y relaciones que conforman el enunciado. Si el problema tiene texto los objetos son personas, cosas, animales, sucesos, procesos, si no tiene texto entendemos que los objetos son números, variables, relaciones entre ellos.

Las condiciones son aquella parte del problema que transmite, al que lo resuelve, la información inicial acerca del suceso que se desarrolla, en ellas se incluyen los objetos, las relaciones entre magnitudes y los valores que conforman el contenido objetivo del problema.

La exigencia es la parte del problema que especifica el fin u objetivo final a alcanzar. Es el componente central del problema al estar en correspondencia con el resultado que debe obtenerse. El concepto de problema y sus componentes, son aspectos importantes para la actividad del profesor y de los alumnos en el proceso de formulación y solución de éstos.

Otro aspecto a tener en cuenta en el tratamiento a los problemas es el aumento gradual del grado de dificultad, considerado fundamental en la preparación del Profesor General Integral porque permite un mayor desarrollo del trabajo independiente además de desarrollar capacidades generales tanto para formular como para resolver un problema. Estas dificultades pueden estar dadas en la estructura matemática del problema o en la estructuración verbal.

Las dificultades de la estructura matemática de un problema dependen de:

1. La construcción de un modelo.

2. Las relaciones entre las variables y estructuras matemáticas presentes en el modelo, su relación funciona, que define las variables dependientes e independientes.

3. El tipo de relación entre las operaciones a realizar para la solución del modelo: son independientes entre sí, dependen una de otra.

Mediante la estructuración verbal las dificultades pueden estar dadas según el tipo de problemas. En los problemas simples (con una sola operación), la dificultad depende de:

1. La formulación que se utilice para expresar la operación: problemas con indicaciones claras sobre la operación que hay que realizar y problemas que no contienen indicaciones claras sobre la operación que hay que realizar.

2. Las condiciones bajo las cuales se ofrecen los datos: el problema contiene los datos necesarios, falta un dato (se conoce de la vida cotidiana, de las relaciones entre las unidades de una magnitud, pueden tomarlo de una tabla o el problema no tiene solución) y el problema contiene datos innecesarios.

3. Otros aspectos como: la presentación de la situación (se formula con pocas palabras de forma simple y comprensible o se describe de forma detallada y complicada), el grado de conocimiento de la situación (conocida por los alumnos, los alumnos desconocen casi o totalmente la situación) y del tipo de pregunta (se encuentra aislada al final del problema, se encuentra al comienzo del problema o unida a los datos).

Para los problemas compuestos el aumento del grado de dificultad depende de:

1. Si el problema es compuesto con operaciones independientes, los datos se dan por separado para cada problema parcial o se mezclan.

2. Las preguntas sobre resultados parciales necesarios se plantean o no.

3. El orden de los datos numéricos en el texto corresponde o no al orden en que se utilizarán para la solución.

4. Los datos de las magnitudes en un problema se dan en una unidad o en dos unidades diferentes de la misma cualidad.

En la formulación de un problema se pueden integrar todos los factores, la dificultad puede transitar desde un problema simple con indicaciones claras sobre la operación que hay que realizar, cuyos datos corresponden a una situación conocida y en el cual la pregunta se encuentra aislada de los datos, hasta un problema en el que no se señale claramente la operación que hay que realizar y cuyos datos no están completos, con datos innecesarios y que además presenta una situación completamente desconocida que requiere de un mayor esfuerzo para encontrar entre los datos la pregunta planteada. La integración de todos los factores solo es posible si el Profesor General Integral posee un amplio dominio de estos elementos.

Los problemas que integren contenidos de las áreas matemáticas contribuyen al cumplimiento de las funciones, tareas y objetivos de la asignatura. Aglutinando sus objetivos, en tres campos, del saber, del poder y del desarrollo intelectual, a través de las cuatro funciones generales en la dirección y activación de la actividad cognoscitiva del alumno.

- Función de enseñanza.
- Función de desarrollo.
- Función educativa.
- Función de control.

La función de enseñanza está dada en que los problemas con texto, constituyen una vía para la adquisición, ejercitación y consolidación de los conocimientos de los alumnos y para la formación y desarrollo de las habilidades y hábitos correspondientes. A través de ellos se fijan conceptos, teoremas y procedimientos, posibilitan la introducción de nuevas materias y constituyen una herramienta para resolver problemas de otros campos de la Matemática; en sentido general, aportan conocimientos académicos y cultura.

En el contenido objetivo de todo problema se incluyen objetos o sucesos de los cuales se destacan diversas facetas cuantitativas, esta es una oportunidad para que el alumno se enfrente ante una situación, en la cual, bajo la forma de términos o expresiones matemáticas, magnitudes y sus valores, relaciones cuantitativas y operaciones, que son necesarias aplicar o realizar para obtener la solución.

La función de desarrollo está relacionada con la influencia que ejerce la solución de problemas sobre el desarrollo intelectual del alumno, sobre el desarrollo del pensamiento científico, teórico y especialmente sobre el desarrollo del pensamiento lógico-abstracto, además de aportarles métodos de aprendizaje, donde el alumno realice deducciones de carácter inductivo, formule hipótesis y las compruebe, modele situaciones, estudie las propiedades de los objetos y fenómenos y extraiga lo esencial.

Una de las contribuciones más importantes de la enseñanza de la resolución de problemas, es el desarrollo del pensamiento lógico-abstracto de los alumnos, debido a que en este proceso se utilizan sistemáticamente los procesos lógicos del pensamiento, potenciando el desarrollo de los mismos, así como la capacidad de deducción al formular modelos y la interpretación correcta de la solución.

Los autores coinciden con el planteamiento de A Labarrere (1987), relacionado con la formación en los alumnos de un pensamiento desarrollador, que presupone el logro de un aprendizaje significativo, la formación del hábito de analizar la vía de solución hallada, desde el punto de vista de su adecuación, y de explorar si existe más de un procedimiento de solución, en busca del método de solución óptimo.

La contribución de la solución de problemas a la formación del pensamiento dialéctico, consiste en que esta proporciona al alumno la formación de las capacidades, las habilidades y los hábitos para descubrir, comprender, transformar y operar con las relaciones cuantitativas que caracterizan los objetos, procesos y fenómenos de la realidad y ser capaz de obtener las regularidades de estos.

La función educativa radica en la influencia que ejercen los problemas sobre la formación de la concepción científica del mundo, de cualidades de la personalidad del alumno y de intereses cognoscitivos, a la formación en el alumno de una representación adecuada del lugar que ocupa la Matemática, y en especial la solución de problemas, en el desarrollo de la sociedad, los orienta hacia la vida laboral.

La enseñanza de la solución de problemas contribuye a la formación de la actividad cognoscitiva del alumno (Labarrere, 1996), considerando esta como la actividad que le permite al hombre el conocimiento del mundo en que vive, posibilitando descubrir, revelar, las leyes y regularidades que determinan el surgimiento y desarrollo, y las formas peculiares en que se presentan los objetos, hechos y fenómenos de la naturaleza, la sociedad y el pensamiento.

En la actualidad, la vinculación de la enseñanza con la vida cobra mayor significación y expresan la necesidad de educar desde la vida y para la vida, al relacionar esta vinculación con la formación académica, laboral e investigativa de los alumnos, del aporte a la formación de valores, la enseñanza de la Matemática, el desarrollo del pensamiento lógico-abstracto con aplicación, cómo tributa a la formación de un aprendizaje vivencial y significativo a la formación de un individuo más integral.

El objetivo central de las transformaciones está precisamente en el vínculo de la escuela con la vida, “un vínculo con la vida que propicie una práctica reflexiva de la que se pueda aprender en la misma medida en que se enriquezca lo aprendido en la teoría y se corrobore también lo estudiado en ella” (Fernández, 1983), vínculo que ha sido aspiración de muchos pedagogos, aspiración que se comparte y se defiende en esta investigación.

Con las transformaciones, esta práctica se rescata y se expresa en los documentos que norman la enseñanza como son: programas, precisiones y Programa Director de la Matemática. Otra transformación es la referida al enfoque metodológico general de la asignatura, “La presentación y tratamiento de los nuevos contenidos a partir del planteamiento y solución de problemas prácticos de carácter, económico–laboral y científico–ambiental, y no solo desde la propia lógica de la asignatura" (MINED 1999)

Las aspiraciones de estas transformaciones en enseñanza de la Matemática se basan en que esta sea más formativa, integre las nuevas tecnologías de la información y las comunicaciones, por eso se orienta, a partir de situaciones y vivencias comprensibles por el alumno, que lo vaya guiando a cuestiones y relaciones que exijan cada vez de una mayor comprensión y de un nivel de abstracción superior y la busque queda de información. Por ello se recomienda que, para una mejor comprensión de un concepto, teorema, se parta del conocimiento directo de los objetos, fenómenos y hechos particulares, de la realización de actividades prácticas y de la acumulación de vivencias personales, lo que provoca un aprendizaje significativo, que el alumno conozca para qué estudia determinado concepto, y dónde se utiliza. Que la matemática tiene la capacidad en su interacción con otras ciencias de mostrar regularidades de fenómenos y procesos mediante los modelos, que sino permanecerían ocultos.

Como expresara Gálvez en 1995:

"Lo que está faltando en la educación Matemática es esa progresión desde una situación ligada a un contexto hacia una situación descontextualizada. Siempre operamos en situaciones descontextualizadas en los adolescentes y ellos ignoran el por qué, el dónde y el cómo han surgido las cosas que aprenden" (Gálvez, 1995).

Se trata entonces de que el alumno se apropie de los conocimientos a través de las vivencias, es decir que recibiendo una enseñanza vivencial obtenga un aprendizaje significativo para la vida.

En la bibliografía consultada el término aprendizaje vivencial no aparece recogido, pero en un artículo sobre aprendizaje vivencial de la Matemática de la profesora Carolina Oramas y la Máster en Ciencias, Mercedes Leal donde asumen un concepto para el término de enseñanza vivencial y extrapolándolo al término de aprendizaje vivencial, se asume que es **"el aprendizaje a partir de hechos de la vida cotidiana, a partir de**

vivencias del alumno como sujeto activo del proceso de enseñanza – aprendizaje".

El aprendizaje vivencial expresa la necesidad de conocimientos para la resolución de problemas cotidianos, científicos y tecnológicos, lo que conlleva a un aprendizaje significativo.

Todo lo anterior, permite reflexionar que los esos elementos mencionados, muestran, que al elaborar problemas que integren contenidos de las áreas matemáticas, vinculándolos con la práctica social, científica, tecnológica, potenciará que el sistema de conocimientos, el alumno, adquiere y desarrolla también componentes como son: el laboral y el investigativo, y que se logra fundamentalmente a través de un aprendizaje vivencial significativo.

En los objetivos formativos generales su muestra la necesidad de que el alumno realice este tipo de aprendizaje pues ellos expresan de una forma u otra el vínculo de la asignatura con la práctica social.

Según plantea Labarrere (1980) la formulación de problemas es una actividad de suma importancia, tanto para la adquisición de conocimientos generalizados sobre la Matemática como para el desarrollo de los hábitos y habilidades necesarios para el trabajo independiente y grupal de esta disciplina.

Para Labarrere la formulación de problemas "es el tipo de tarea docente que consiste en que el escolar debe crear, construir un problema de manera relativamente independiente". En esta definición, solo se considera la formulación de problemas como una actividad docente y no como un proceso de la vida cotidiana, además aun cuando sea una tarea propia del proceso de enseñanza no se tiene en cuenta el papel que juega el maestro o profesor en su orientación y control, pues solo se hace referencia a que es una tarea del alumno.

En este análisis de la definición, se considera que además de una tarea docente la formulación de problemas es una actividad que desarrolla un sujeto estableciendo relaciones entre los objetos abstractos, motivado por la necesidad de dar respuesta a las contradicciones que se manifiestan en su práctica cotidiana.

La formulación de problemas, como uno de los aspectos de la situación típica de la enseñanza de la Matemática: tratamiento de ejercicios de aplicación y de ejercicios con texto, se basa en los mismos fundamentos filosóficos, psicológicos y pedagógicos utilizados por la Didáctica de la asignatura. Por consiguiente, tiene su fundamento filosófico en lo Dialéctico e Histórico, y particularmente en la Teoría del Conocimiento.

No obstante, a pesar del desarrollo alcanzado por la Didáctica de la Matemática, como disciplina pedagógica, en determinados aspectos como es el caso de la formulación de problemas, los conocimientos son insuficientes, lo que obliga a la búsqueda de estrategias para su aprendizaje y su enseñanza. Esta necesidad se hace evidente, si se tiene en cuenta que estos contenidos aparecen en todos los programas y libros. Además, si se valora que no se ha abordado suficientemente el tratamiento didáctico de este aspecto de la enseñanza de la Matemática, se comprende más dicha necesidad.

En este marco vivencial, el conocimiento se concibe como un proceso histórico-social de la actividad humana, orientado a reflejar la realidad objetiva-subjetiva en el hombre. El conocimiento es posible gracias a la actividad cognoscitiva, es decir, "la actividad que va más allá de la simple actividad práctica del hombre y su objetivo esencial es el conocimiento de las propiedades y relaciones de los hechos y fenómenos del mundo circundante, de lo cotidiano al conocimiento científico tecnológico" (Colectivo. (1989); p.179). De ahí la importancia del adiestramiento de los alumnos en la búsqueda de relaciones y dependencias entre las variables tomados de la realidad objetiva, para formular modelos que ellos mismos resuelvan. Para ello los profesores deben estar debidamente preparados, lo que evidencia la necesidad de su superación, como ya fue expresado en las áreas:

- En la propia Matemática.
- En la Didáctica de la Matemática.
- En las Tecnologías de la Informática y las Comunicaciones.
- En las didácticas específicas para el uso efectivo de las TIC (esta dirección en naciente desarrollo).
- En una cultura integral-general.

Otro aspecto de la enseñanza de la formulación de problemas matemáticos es que se rige por las leyes de la Didáctica, planteadas por Álvarez, C. (1998), es decir:

Primera ley de la Didáctica: Ley de las relaciones del proceso docente-educativo en el contexto social, o "la escuela en la vida", lo cual se evidencia en el hecho de que la formulación de problemas matemáticos se realiza a partir de datos y situaciones tomadas de la vida diaria, del contexto social, propiciando estas relaciones.

Segunda ley de la Didáctica: Ley de las relaciones internas entre los componentes del proceso docente-educativo, o "la educación a través de la instrucción", lo que se manifiesta en la estructuración didáctica para la formulación de problemas matemáticos y en la organización de las formas de superación.

Además, la formulación de problemas matemáticos se fundamenta, desde el punto de vista pedagógico, en los principios didácticos, sobre los que existen diferentes maneras de enunciarlos.

Teniendo en cuenta que los principios didácticos constituyen un sistema, en cualquier estrategia metodológica, están presentes todos, aunque haya algunos que se evidencien con mayor significación en el tratamiento de determinado contenido.

Desde el punto de vista psicológico, la formulación de problemas matemáticos se fundamenta teóricamente en los aportes de diferentes especialistas cubanos y extranjeros, cuyos trabajos se inscriben en la Escuela Histórico-Cultural. De manera especial se retoman los postulados de la teoría de la actividad desarrollada fundamentalmente por Leontiev, A.N. (1979; 1982) y abordada además por Vigotsky, L.S. (1982); Rubinstein, S.L. (1986); Galperin, P. (1987); Talízina, N. (1988) y otros. En esta teoría se parte de la premisa general de que el conocimiento es posible gracias a la actividad vivencial, investigativa y la comunicación.

Llamamos actividad "aquel proceso mediante el cual el individuo, respondiendo a sus necesidades, se relaciona con la realidad, adoptando determinada actitud hacia la misma" (González, V 1995).

El objeto de la actividad es precisamente su motivo (material o ideal) y responde a la necesidad del sujeto. La actividad transcurre mediante diferentes procesos que el hombre realiza, orientado por los fines u objetivos que espera alcanzar con su ejecución, en forma consciente y regulada.

La mayoría de los estudiosos de la materia coinciden en que la regulación de la personalidad se realiza en dos esferas de regulación:

a) La esfera de regulación motivacional-afectiva (inductora).

b) La esfera de regulación cognitivo-instrumental (ejecutora).

Es muy importante la atención a ambas esferas de regulación de la personalidad (inductora y ejecutora), pues deben analizarse en su funcionalidad como un sistema, "Un aspecto distintivo de la función reguladora de la personalidad es el nivel de desarrollo que alcanza en ella la unidad de lo afectivo y lo cognitivo" (González, V. y otros. 1995).

Las actividades de formulación de problemas matemáticos, se ejecutan mediante acciones, pues estas constituyen representaciones anticipadas de lo que se espera alcanzar con ellas. Es decir, "las acciones constituyen procesos subordinados a objetivos o fines conscientes" (González, V. y otros. 1995).

Según Rubinstein, S.L. (1966), el proceso mental es un acto regulado y orientado conscientemente hacia la solución de una determinada tarea o un determinado problema, y está, por tanto, vinculado a la práctica y a toda la vida psíquica del individuo, como un sistema de acciones intelectuales.

A su vez, las acciones se sustentan en operaciones, o sea, "en las vías, procedimientos, métodos, formas mediante las cuales la acción transcurre" (González, V 1995).

En definitiva, las acciones están subordinadas en el proceso de la actividad, a un objetivo y las operaciones en que la actividad se desarrolla.

Por otra parte, la automatización en la ejecución y regulación de las operaciones dirigidas a un fin es lo que llamamos hábito, lo que necesariamente conduce a determinados cambios en la actividad que realiza la persona. Sin embargo, las habilidades constituyen el dominio de acciones (psíquicas y prácticas) que permiten una regulación racional, consiente de la actividad.

De esta manera, mientras los hábitos se forman por la sistematización y automatización de las operaciones, las habilidades se obtienen de la sistematización de las acciones subordinadas a un fin, son conscientes y reguladas.

Por su parte, las capacidades se conciben como las formaciones psicológicas de la personalidad que son condiciones para realizar con éxito determinados tipos de actividad.

Las capacidades se originan y se desarrollan en la actividad y la comunicación. En nuestros días las comunicaciones definidas por las tecnologías, y su influencia en lo cotidiano y vivencial, de la vida y para la vida y las nuevas relaciones sociales que se establecen. Mientras más evoluciona la sociedad, más posibilidades tienen de desarrollarse las capacidades (carácter histórico-social, cultural). En este sentido, no es posible hablar del papel de la actividad en la formación y desarrollo de las capacidades, sin señalar la importancia de la comunicación. De ahí que resulta necesario resaltar la atención que se debe dar, en el proceso de formulación de problemas matemáticos a la preparación del docente.

Sin embargo, la formación de capacidades en el hombre tiene también carácter individual, pues depende de las características individuales de las personas sus vivencias, y sus capacidades naturales, que deben ser dirigidas, orientadas a la búsqueda y construcción del conocimiento. En resumen, se asumen las posiciones de la Escuela Histórico-Cultural al considerar que la psiquis humana es de naturaleza socio-histórica, vivencial, es decir, el desarrollo está determinado por las relaciones sociales y la influencia de la historia (fase exterior en el desarrollo). Luego pasará por una fase de interiorización (carácter individual).

Se asume el enfoque histórico-cultural donde se concibe el aprendizaje como la relación de lo externo a lo interno, de la regulación externa a la autorregulación, de la dependencia a la independencia cognoscitiva alcanzada, o sea, de lo que la persona es capaz de hacer con ayuda de otras personas a lo que puede hacer de forma independiente.

Se profundiza en esta teoría por considerar que sobre la resolución de problemas matemáticos existe una amplia bibliografía especializada en nuestro país, no así sobre la formulación de problemas; esto dificulta el trabajo a los Profesores Generales Integrales, al hacerse más complejas las actividades de formulación y tratamiento. La identificación de problemas matemáticos se aborda implícitamente en diferentes momentos de la estructuración didáctica.

Una de las razones por las que la formulación de problemas recibe bastante menos atención que la resolución de problemas, entre los profesores y los educadores matemáticos, es porque es un tema sobre el que no se ha definido de forma rigurosa estrategias para su formulación. Y requiere del desarrollo del pensamiento, de lo abstracto a lo real (cotidiano). Lo que no se desarrolla a corto plazo, es todo un proceso.

Muchos autores reconocen que la formulación de problemas matemáticos es importante, pero no se profundiza en el tema. Recordemos que la solución de un problema en gran medida está dada por su correcta formulación y la correcta elaboración de su modelo matemático, Otero (2008), se trabaja muy poco en las aulas.

Se coincide con Llivina, M. y otros. (2000), al plantear la complejidad del tema y "la falta de recursos teóricos dentro de las Ciencias de la Educación y en particular de la Didáctica de la Matemática " (Llivina, M. y otros. 2000).

Por tanto, la formulación y tratamiento de problema que integren contenidos de las áreas matemáticas, desde el punto de vista operativo, es la actividad de estudio que consiste en identificar, crear, narrar y redactar un problema matemático, en forma colectiva o individual, a partir de una situación cotidiana, científica, tecnológica, inicial identificada o creada por la(s) persona(s) que la realiza(n) y que tenga en cuenta los contenidos de las áreas matemáticas que permitan presentarlo como modelo capaz de expresar regularidades de fenómenos y procesos.

La formulación de problemas matemáticos está muy ligada al aspecto de la motivación por el aprendizaje de la Matemática, muestra como estas herramientas abstractas son capaces de expresar la realidad. Presenta al individuo que formula el problema, un creador, artista, que motiva el interés por su estudio y especialmente por la formulación y la resolución de problemas.

En el proceso de enseñanza aprendizaje formular un problema es una actividad en nuestro día que relaciona tecnología de la información, profesor, alumno, alumno. La relación alumno–alumno no debe ser dejada en cuenta el trabajo grupal, colectivo se convierte en elemento motivacional y de logro de competencias.

El docente debe tener en cuenta los objetivos, el contenido y los métodos que le permitan, partiendo del diagnóstico de las necesidades del estudiante, responder las interrogantes: **¿Para quién Enseñamos Matemática? ¿Qué Matemática Enseñar?, ¿Cómo enseñar Matemática? ¿Cómo aprender Matemática? ¿Cómo evaluar Matemática? Otero (2008).**

Potenciar la actividad creativa, investigativa, desarrollar el pensamiento lógico, abstracto y algorítmico. Potenciar la motivación por la solución de problemas de lo cotidiano y la interpretación de los resultados por parte del estudiante.

La formulación de problemas es una estrategia a desarrollar por los docentes, para contextualizar la enseñanza de la Matemática, brinda potencialidades al profesor para lograr la integración de los contenidos y presentarlos como modelos para la solución de lo real y cotidiano, como elemento motivacional de los mismos en el proceso de enseñanza aprendizaje.

En su trabajo “Sobre la formulación de problemas matemáticos, Labarrere plantea una serie de requisitos que deben ser considerados para formular un problema (1980):

- Conocer los elementos que componen la estructura de un problema.
- Saber que un verdadero problema con texto incluye determinados datos, en la mayoría de las ocasiones, indican cantidades y magnitudes.

- Conocer que en los problemas existen determinado número de condiciones, donde se establecen las relaciones que guardan entre sí los datos.

- Saber que en todo problema existe la pregunta o incógnita, en la que se plantea lo que es necesario encontrar o demostrar.

Los autores en general, comparten estos requisitos, pero se considera la construcción del texto, partiendo de lo vivencial y cotidiano. elemento fundamental en la formulación de problemas.

Formular un problema donde su presentación carezca de ambigüedad, expresado con claridad. Para lograr una correcta comprensión del problema formulado. Donde el profesor tenga en cuenta el ajuste al contenido, tanto precedente como nuevo, y su relación a lo vivencial y cotidiano. Donde la calidad y suficiencia de las ideas expresadas, muestren los debidos nexos de relación entre las palabras, acciones y las estructuras matemáticas que permitan establecer un modelo. La relación real-abstracto-real.

La necesidad de formular problemas matemáticos, como modelos de lo cotidiano, para formular un problema proponemos:

- Plantear una relación funcional, donde queden expresada de forma clara la relación entre las variables y magnitudes, que expresar el problema de lo cotidiano, como modelo abstracto, para la solución de un problema de lo cotidiano (de la vida y para la vida).

- Decidir relaciones y dependencias en función de los datos e incógnitas. Propiedades, relaciones y transformaciones a realizar.

- Determinar el método óptimo de solución del modelo, y la herramienta computacional que pueda ser empleada.

Lo anterior define un proceso sistémico de acciones y sus relaciones con los contenidos, que dirigen el trabajo científico-metodológico de los docentes para la formulación y solución de modelos matemáticos de lo cotidiano.

Campistrous y Rizo proponen algunas acciones.

Mas los autores sustentamos una visión que responde a las relaciones y necesidades actuales, presentamos un sistema de acciones metodológicas para orientar al profesor,

en la formulación y solución de problemas de lo cotidiano, actualizada que contempla el uso de las TIC.

1. Definir el tema (¿El área de conocimiento y su relación con lo cotidiano sobre el cual se va construir el problema?).

2. Determinar el nivel de conocimiento inicial de los estudiantes. (¿Qué voy a considerar conocido? ¿Qué conocimiento debo fortalecer en los estudiantes?).

3. Formular las preguntas que definan lo conocido (¿Construir el modelo o aplicar un modelo conocido?).

4. Resolver el problema. (¿Relación real – abstracto, ¿Cómo llegar a la solución del problema de lo cotidiano? Mediante un modelo abstracto.

5. Determinar el algoritmo y las herramientas TIC, para obtener la solución del problema.

6. Interpretar la solución del problema. (Desarrollar las capacidades y habilidades para facilitar interpretar resultados de la solución de un modelo abstracto a un problema de lo cotidiano (relación, abstracto - real).

El valor de estas acciones está dado en que declara los diferentes momentos de la actividad y algunas reglas heurísticas que permitan al profesor formular problemas de lo cotidiano. La formulación de problemas matemáticos brinda posibilidades para que el estudiante se integre a la vida social, se identifique con ella, exprese sus sentimientos, emita juicios, valoraciones y comprenda la necesidad de prepararse para la vida y contribuir al desarrollo de la sociedad.

El proceso de formulación de problemas de lo cotidiano es una actividad que potencia la interrelación de los estudiantes con el medio que lo rodea, lo ambiental y social, le permite una mejor comprensión de los fenómenos sociales y naturales. Indagar cómo piensan y cuáles son sus aspiraciones futuras, el desarrollo de su cultura y pensamiento. La enseñanza de la Matemática a través de la formulación de problemas implica promover un aprendizaje interactivo, reflexivo y cooperativo, significativo en todos los alumnos, con un sentido de la vida y para la vida.

Para cumplir las aspiraciones, se necesita de un profesor con una sólida preparación en las áreas propuestas, que no es espontánea, sino planificada, dinámica, sistémica con un carácter colectivo a partir del diagnóstico de las necesidades y potencialidades del profesores y estudiantes.

La preparación que poseen los profesores para enfrentar el modelo planteado es insuficiente, por cuanto se necesita de una metodología que favorezcan el dominio de la Matemática y en particular la formulación de problemas que integren los diferentes contenidos de las áreas matemáticas, por la importancia que tienen estos en el aprendizaje de la asignatura y por constituir el eje central del trabajo con los contenidos matemáticos.

I.IV Aprendizaje Significativo.

Entre los objetivos de la educación se encuentran, preparar al alumno para la vida, enseñarlo a pensar, a que valore la significación del conocimiento y el proceso mismo de aprendizaje, de forma que se estimule cada vez más a la independiente, creatividad y autorregulación en la obtención de nuevos conocimientos.

El conjunto de autores que se agrupan alrededor del enfoque cognoscitivo, se encuentran las contribuciones del D.Ausubel y J.Bruner, muy citados en la literatura especializada.

El aporte D.Ausubel a la conceptualización del aprendizaje significativo, lo cual se logra cuando el estudiante puede relacionar los nuevos conocimientos con su experiencia individual (con lo que ya sabe), con lo cotidiano y vivencial, no de modo arbitrario sino organizados en estructuras cognitivas. A veces este vínculo es identificado de forma errónea, sólo por los conocimientos anteriores recibidos en los cursos escolares, o sea, aprendidos en disciplinas escolares. En realidad, por experiencia individual debe entenderse los conocimientos intuitivos que posee el alumno, ya sea por veía escolarizada o no.

Por lo que cuanto más lejanos vean los alumnos los conocimientos que les tratan de enseñar, más difícil será para ellos aprenderlos.

D. Ausubel (1987) se refiere a la clasificación de los tipos de aprendizaje, por repetición, por recepción, por descubrimiento guiado y por descubrimiento autónomo, los que no son excluyentes ni dicotómicos. Y cualesquiera de ellos puede llegar a ser significativo.

Estando presente factores de la personalidad para el aprendizaje: el carácter, capacidad intelectual, factores motivacionales, factores vivenciales, la práctica, el ordenamiento de los materiales de enseñanza.

De forma certera D.Ausubel (1983) destaca a la motivación como absolutamente necesaria para un aprendizaje sostenido y aquella motivación intrínseca es vital para el aprendizaje significativo, que proporciona automáticamente su propia recompensa.

C. Coll (1988) profundiza en este concepto de aprendizaje significativo y valora que la polisemia del concepto, la diversidad de significaciones que fue acumulando, explica en gran parte su atractivo y su utilización generalizada, lo que obliga, al mismo tiempo, a mantener una prudente reserva sobre él. No obstante, considera que el concepto de aprendizaje significativo posee un gran valor heurístico y encierra una enorme potencialidad como instrumento de análisis, de ponderación y de intervención psicopedagógica.

J.Bruner enfatiza en el valor del aprendizaje por descubrimiento dentro de su modelo cognoscitivo-computacional, para producir el fin último de la instrucción: la transferencia del conocimiento.

Los contenidos de la enseñanza tienen que ser recibidos por los alumnos como un conjunto de necesidades, problemas, de relaciones, la existencia de lagunas, que le muestren como orientar el aprendizaje que deben realizar.

Como el objetivo final del aprendizaje es el descubrimiento, la única veía para lograrlo es través de la ejercitación en la solución de tareas y el esfuerzo por descubrir (carácter activo), cuanto más se practica, más se generaliza. La información debe ser organizada en determinados conceptos y categorías, para evitar un aprendizaje pasivo y de memoria, por eso es necesario aprender a aprender.

Este enfoque expone la existencia de estilos cognoscitivos, las diferencias cognoscitivas individuales, asociadas con varias dimensiones no cognoscitivas de la personalidad (M. Carreteiro e J. Palácios, 1982), o sea, estructuras estables del yo, que sirven para coordinar las intenciones y deseos del sujeto a las demandas de la situación, por eso poseen una doble dimensión cognoscitiva y personológica.

Aprendizaje significativo en la Matemática.

La enseñanza de la Matemática juega un papel importante en la formación de individuos que sean capaces de asumir las exigencias científicas y técnicas que demanda el actual desarrollo social. En este sentido, es necesario que los alumnos aprendan a aprender.

Mientras, la falta de motivación por el estudio de la Matemática y el pobre desarrollo de las habilidades en esta disciplina son obstáculos al logro esos propósitos, y constituyen dificultades a las cuales se deben enfrentar sistemáticamente los educadores de Matemáticas durante el desempeño de su profesión.

Son pocas las experiencias referidas en la literatura pedagógica respeto de la utilización del Aprendizaje Significativo en la enseñanza de La Matemática; tampoco abundan en los libros de texto los ejemplos y actividades docentes que muestren como trabajar en esa dirección.

La formulación de problemas de lo cotidiano es una vía para facilitar el aprendizaje significativo en la Matemática, cuando después de partir de considerar los conocimientos previos relacionados con el contenido matemático que va a ser elaborado, formula un problema que no puede ser resuelto con dichos conocimientos, provocando en los estudiantes la necesidad de búsqueda de nuevos conocimientos para solucionar la situación presentada. El docente formula el objetivo y presenta las actividades encaminadas a lograr la solución del problema presentado, el cual es resuelto con una activa participación de los estudiantes.

Los estudiantes pueden finalmente asimilar el nuevo contenido matemático, integrándolos a los conocimientos previos que ya poseían, y aplicarlos a la formulación y solución de problemas. La situación de partida presentada puede ser tal que manifieste la relación con las aplicaciones prácticas de la Matemática a lo cotidiano, o con cuestiones históricas de su desarrollo como ciencia, y aplicaciones a problemas de otras disciplinas."

El problema se debe formular para que el alumno comprenda el significado de lo que está aprendiendo, buscando analogías con el mundo real. Se logra que los alumnos no sientan temor por el estudio del nuevo contenido, sientan una mayor motivación para el estudio.

El docente debe mostrar su capacidad creativa al formular problemas de lo cotidiano dirigidos a responder a las exigencias y la motivación de los estudiantes.

I.V La formulación y solución de problemas en el proceso de enseñanza aprendizaje de la Matemática.

La enseñanza de la Matemática posee una larga historia, desde tiempos remotos se le considera como una asignatura insustituible para la preparación de las nuevas generaciones, para su preparación en la vida social y la solución de problemas de las más diversas áreas sociales.

La dirección de la enseñanza y el aprendizaje de la Matemática es un proceso sumamente complejo, ya que se planifica, desde lo más externo, vivencial hacia la asimilación interna según la cultura y habilidades que manifiestan los sujetos, debe ser cuestionador de la realidad y creado por el propio sujeto.

La formulación de problemas debe transcurrir por lo planteado por Fátima Addine (2004) al determinar que la dirección del aprendizaje desde una perspectiva desarrolladora implica, en síntesis, que los profesores asuman la responsabilidad en este proceso desde una posición creadora que les permita planificar y organizar la situación de la enseñanza aprendizaje, orientar, apoyar la actividad de los adolescentes y evaluar de manera sistemática todo el proceso.

En el proceso de enseñanza aprendizaje juegan un importante papel no solo sus componentes estructurales, sino también las relaciones que entre ellos se establecen. Este proceso abarcará tanto los elementos mediatizadores (objetivo, contenido, método, medio, evaluación) como los protagonistas del proceso (alumnos, profesor, grupo, TIC).

La Matemática como asignatura priorizada tiene como Objetivos Formativos Generales, lograr su vínculo con la vida y la responsabilidad de desarrollar el pensamiento lógico, abstracto, algorítmico de los alumnos como base y parte esencial de la formación integral y armónica de su personalidad.

El proceso de enseñanza aprendizaje de la Matemática se encuentra en un proceso de transformación de sus enfoques, con el propósito de que los alumnos adquieran una concepción científica del mundo, una cultura integral y un pensamiento científico que los habitué a cuantificar, estimar, esbozar, analizar, procesar datos y modelar. Buscar causas y vías de solución, incluso de los más simples hechos de la vida cotidiana, y en consecuencia los prepare para la actividad laboral y mantengan una actitud comprometida y responsable antes los problemas científicos y tecnológicos en el ámbito local, nacional, regional y mundial. De lo que se trata es de estudiar una Matemática desde y para la vida.

Se entiende como proceso de enseñanza aprendizaje de la Matemática el proceso activo, regulado y reflexivo a través del cual el sujeto que aprende se apropia de forma gradual, de una cultura acerca de los conceptos, herramientas, procedimientos de esta ciencia, bajo condiciones de orientación e interacción social que le permite apropiarse, además, de las formas de pensar y actuar del contexto histórico social en que se desarrolla.

La dinámica del proceso de de enseñanza aprendizaje de la Matemática se analiza a través de los componentes que lo caracterizan:

Personales: profesor, alumno, familia.

No personales: objetivo, contenido, método, medio, evaluación y forma de organización, TIC, los cuales están interconectados por las relaciones de coordinación y subordinación que se dan entre ellos.

Dentro de los componentes personales, en esta investigación se estudia la función del profesor en la dirección del proceso de enseñanza aprendizaje, donde su rol es el de "educador profesional, que tiene el encargo social de establecer la mediación indispensable entre la cultura y los alumnos y las TIC, con vista a potenciar la apropiación de los contenidos de ésta que han sido seleccionados atendiendo a los intereses de la sociedad, y a desarrollar su personalidad integral en correspondencia con el modelo ideal de ciudadano al que se aspira en cada momento histórico concreto"(2002).

Con relación al papel de la formulación y solución de problemas en el proceso de enseñanza aprendizaje, se han realizado investigaciones entre las que se destacan los trabajos del psicólogo Alberto Labarrere, el pedagogo Carlos M. Álvarez de Zayas y en la Metodología de la enseñanza de la Matemática de Luis Campistrous y Celia Rizo.

Un importante antecedente en esta investigación, el estudio realizado por A. Labarrere sobre la solución de problemas y el aprendizaje del escolar que se fundamenta en la doble función que realizan los problemas en la enseñanza de cualquier asignatura: la función de asimilación de conocimientos, de fortalecimiento y comprobación y evaluación de los mismos, por un lado, y la función educativa y de desarrollo por otro.

En los resultados de estas investigaciones en nuestro se concluye que las dificultades para la solución independiente de problemas están relacionadas con algunas deficiencias que aún subsisten en la estructuración de la enseñanza, en particular, en la enseñanza de la formulación y solución de problemas. Se valoran los avances significativos en la función del problema como medio para la asimilación de los conocimientos de las asignaturas y su relación con lo cotidiano y vivencial del alumno, por el contrario, los pocos avances en la función de desarrollo del pensamiento del alumno, lo que consideramos está relacionado con las concepciones en que se fundamenta la lógica y estructura del proceso docente en la escuela.

Esto para que la enseñanza de la formulación y solución de problemas permita a la vez asimilar conocimientos, formar hábitos y habilidades y desarrollar el pensamiento del alumno, es necesario concebirla y estructurarla de una forma planificada, con objetivos de desarrollo claramente formulados. En esta posición queda claro que lo esencial se concentra en la organización y conducción de la enseñanza para que el alumno asimile y modele situaciones, de lo cotidiano.

La educación se debe concebir de modo tal que el alumno esté permanentemente motivado en adquirir nuevos conocimientos y que para lograrlo debe estar consciente de que el nuevo contenido le es imprescindible para enfrentar las futuras tareas de la profesión

El procedimiento docente que, en su criterio, más se adecua a este proceso docente es el planteamiento de problemas, que el nuevo contenido se ofrezca como resultado de la selección de una situación problémica.

La organización de este proceso docente la fundamenta la historia, a partir del modo en que la humanidad se ha desarrollado, es decir, "el hombre se enfrenta a un problema y se percata que el nivel de conocimiento que poseía le es insuficiente para resolverlo y, mediante complejos procesos de la actividad práctica y mental, enriquece el conocimiento de sus medios y métodos de trabajo que le permite obtener solución del problema.

Sobre la comprensión del contenido de la enseñanza, Carlos M. Álvarez destaca que el contenido que se escoge es el que como sistema permite cumplir los objetivos y satisfacer el problema planteado, priorizando el núcleo en el que se ubican los elementos esenciales que constituyen las invariantes de las habilidades con la ayuda de las cuales se va desarrollando el sistema de conocimientos.

El núcleo de la teoría es conformado por los conceptos, leyes, regularidades y modelos que constituyen la esencia del sistema de conocimientos y son la base de la formación de convicciones.

La motivación asociada a la formulación y solución de problemas; la estructuración del sistema de conocimientos sobre la base de un núcleo, que constituyen las invariantes de las habilidades; la organización del proceso docente se concibe siguiendo la lógica de la ciencia y la reafirmación de que el conocimiento se adquiere como necesidad para la solución de problemas, generador de la actividad creativa y desarrolladora de capacidades y habilidades.

Destacamos en este caso como se sitúa en un primer plano determinar qué va a hacer el alumno con el concepto, la ley, la regularidad o el modelo; es decir, comprender los elementos esenciales del contenido, el sistema de relaciones y operaciones que le permiten formular y resolver problemas y adquirir, desarrollar y perfeccionar ese sistema de conocimientos.

En los fundamentos del proceso docente que se expone, el problema se sitúa como medio funcional para desarrollar toda la teoría y en cierto modo colocar al alumno como sujeto activo y creativo en busca de conocimiento y descubrimiento, es decir, para resolver ese problema es necesario desarrollar toda la teoría y que al final esté en condiciones de enfrentar el proceso de solución e interpretar la solución. Coincidimos con esta posición y la comprensión que este autor demuestra sobre los problemas que nos sugiere una secuencia que tendría variación en relación con el paradigma de los momentos didácticos sobre el papel del encargo social, a la hora de introducir algún tipo de variante por las propias necesidades de mejorar el proceso docente.

En las investigaciones realizadas por los investigadores L. Campistrous y C. Rizo sobre el aprendizaje de la formulación y solución de problemas destacan algunas barreras que existen, para la resolución de los problemas, que consideramos deben ser tenidas en cuenta de modo general. Dichas barreras se concentran en: la excesiva actuación del profesor, el alumno no logra formas de actuación generalizadas, los problemas se utilizan en función del desarrollo de habilidades y no como objeto de enseñanza en sí mismos, no se enseñan técnicas de trabajo, los parámetros de dificultad para los problemas son pocos precisos, no se trabajan los significados prácticos y no se integren las áreas matemáticas.

Si bien el estudio se basa en los problemas que integren los contenidos de las áreas matemáticas, en esas barreras se expresan importantes limitaciones que consideramos afectan el objetivo de la formación matemática general que es preparar a los alumnos para resolver problemas lo que se atiende, por un lado, con la propuesta de técnicas que guíen la actividad de aprendizaje y, por otro lado, continuar la búsqueda de variantes para estructurar el proceso de enseñanza y el contenido que posibilite la formulación y solución de problemas que propicien la integración de contenidos.

Para el logro de este objetivo se necesita la búsqueda de relaciones entre determinados elementos del sistema de conocimientos, su relación con lo cotidiano. La dialéctica señala que los sistemas más complejos, pueden ser expresados por un conjunto de sistema más simples (divide y vencerás), lo que posibilita la integración y las relaciones entre los sistemas. De todo lo anterior se desprende que, si se quiere lograr la integración de los contenidos de las áreas matemáticas, se tendrán que buscar las relaciones existentes entre estas, sus regularidades, como reflejo de la integralidad del mundo.

Existen autores que abordan esta temática, pero se centran solamente en los conocimientos se señala que "Integrar un conocimiento significa relacionarlo con otros conocimientos, buscando semejanzas y diferencias, tratando de incluirlo en estructuras más generales".

Se puede inferir que integrar conocimientos, es relacionar, establecer nexos, organizar, regularizar, conceptos, y métodos a lo interno de cada disciplina.

La integración es un proceso necesario dirigido por el profesor, utilizando como medio un problema que será resuelto por los alumnos. Orientado a la complementación de los conocimientos individuales y grupales mediante las relaciones existentes entre los mismos, en torno a un elemento aglutinador.

La integración de conocimientos como un proceso donde se buscan o establecen relaciones y nexos entre diferentes conocimientos, que provienen de una o de distintas áreas del saber, llevado a cabo a través de un "elemento aglutinador", o sea de un concepto o dicho proceso debe ser dirigido por el profesor y ejecutado por los alumnos, en la práctica educativa se manifiesta que los Profesores Generales Integrales trabajan la integración de manera incompleta, al abordar el problema de manera fragmentada.

Se considera que la integración de conocimientos se ve afectada si sólo se toman como vehículo acciones aisladas como la realización de una tarea o el tratamiento de un concepto o procedimiento, pues la misma debe producirse en cada momento del desarrollo del proceso de enseñanza aprendizaje de la Matemática, analizándose los objetos y fenómenos de la realidad en su multilateralidad. Al realizarse un proceso de integración, en el plano formativo, no sólo se deben tener presente los conocimientos; pues en dicho proceso son muy importantes también las habilidades, valores, actitudes lo vivencial y cotidiano para el logro de un aprendizaje significativo.

CAPÍTULO II: FUNDAMENTOS DE LA METODOLOGÍA PARA POTENCIAR LA PREPARACIÓN DEL DOCENTE, EN LA FORMULACIÓN Y SOLUCIÓN DE PROBLEMAS QUE INTEGREN LOS CONTENIDOS DE LAS ÁREAS MATEMÁTICAS CON LO COTIDIANO.

Se presentan aspectos relacionados con la solución al problema científico detectado, con los fundamentos teóricos en los que esta se sustenta, y se incluyen los resultados de la aplicación de la propuesta que corrobora la efectividad de su aplicación. Al final se arriban a conclusiones generales, que muestran el cumplimiento de la hipótesis, expresa la solución del problema objeto de investigación. Se presentan las recomendaciones correspondientes.

II.I Caracterización del estado de la preparación de los docentes, para la formulación y solución de problemas que integren los contenidos de las áreas matemáticas con lo cotidiano.

Para poder explicar y predecir es imprescindible conocer las relaciones de causa efecto presentes en el objeto, fenómeno o proceso que se estudia. En este caso la preparación del docente en la formulación y tratamiento de problemas que integren los contenidos de las áreas matemáticas con lo cotidiano.

Con el objetivo de guiar el proceso de diagnóstico se asumieron los indicadores a medir, en correspondencia con el problema científico asumido y su estrecha relación con el objeto y campo, los cuales se tuvieron en cuenta en los instrumentos elaborados y aplicados.

El estudio de los contenidos teóricos relacionados con la formulación y solución de problemas, citados en el primer capítulo y la experiencia de los autores en el trabajo directo en la enseñanza, propició la determinación de las dimensiones e indicadores que guían este análisis, las cuales se relacionan a continuación.

Dimensiones e indicadores (Anexo I)

1. Metodología para formular el problema.
   - Determinar los contenidos matemáticos a integrar.
   - Elaborar los elementos estructurales del problema matemático.
   - Redactar el modelo matemático, que representa el problema de lo cotidiano a tratar.
2. Trabajo en el problema.
   - Orientaciones previas para el trabajo con el problema.
   - Procedimiento Heurístico para el trabajo en el problema.

Para conocer el estado de la muestra se aplicó el diagnóstico inicial, teniendo en cuenta los indicadores determinados, para los cuales se fundamentaron las categorías en un rango de alto hasta bajo (anexo I) asumiendo las concepciones de Luis Campistrous y Celia Rizo.

Esta investigación se aplica a una muestra de 184 alumnos distribuidos en los tres y con un colectivo de 26 profesores. Del total de profesores se desempeñan como docentes 13, de ellos son Licenciados en Educación 7, en diferentes especialidades, están matriculados en el curso para trabajadores dos y cuatro son docentes en formación.

En esta microuniversidad 5 profesores están matriculados en la Maestría en Ciencias de la Educación, en sus diferentes ediciones, 6 se desempeñan como profesor a tiempo parcial del ISP.

La caracterización de la preparación de los docentes para formular y dar tratamiento a problemas que integren los contenidos de las áreas matemáticas con lo cotidiano, parte de las exigencias del modelo que se aplica, de la necesidad de perfeccionar el proceso de enseñanza aprendizaje y de los problemas que existen en la preparación del profesor en este centro.

La encuesta dirigida al profesor (Anexo IV) para determinar el dominio que poseen a cerca de los elementos a tener en cuenta para la formulación de problemas y las vías que utiliza para darle tratamiento en las clases.

La entrevista dirigida a los jefes de grado (Anexo VI) para conocer las diferentes vías que se utilizan en el centro para preparar a los profesores en el trabajo con problemas que integren los contenidos en las áreas matemáticas y la efectividad que se manifiesta en la concepción de las diferentes clases.

La observación a la clase (Anexo VIII) para constatar la preparación que posee el profesor respecto al trabajo con problemas y las diferentes vías que utiliza para darle tratamiento específicamente a los que integren los contenidos en las áreas matemáticas con lo cotidiano.

Las técnicas e instrumentos elaborados recogen los elementos necesarios que permiten evaluar el estado en que se encuentra la formulación de problemas en la muestra seleccionada.

En la encuesta aplicada a los profesores se constató que el dominio que poseen acerca de los elementos a tener en cuenta para la formulación de problemas es limitado y las vías que utiliza para darle tratamiento en las clases no son las más efectivas. (Anexo V)

Los Jefes de Grado en la entrevista manifiestan que es insuficiente la preparación que poseen para preparar a los profesores en las diferentes vías para el trabajo con problemas que integren los contenidos en las áreas matemáticas y su tratamiento en las diferentes clases, de ahí que las actividades que se realizan carecen de efectividad. (Anexo VII)

En las observaciones realizadas a las clases se aprecia que los profesores adolecen de conocimientos teóricos referidos a la formulación de problemas y las diferentes vías para darle tratamiento en sus clases, pues es muy limitado su desempeño al realizar esta actividad. (Anexo IX)

Una vez analizados estos instrumentos se procedió a la valoración de los resultados por indicadores constatándose que:

Dimensión metodología para formular el problema.

En el indicador determinar los contenidos matemáticos a integrar se encontraron en el nivel bajo 4 profesores representando el 66,6% y 2 en el nivel medio para un 33,3%.

En el indicador elaborar los elementos estructurales del problema matemático 5 profesores se encontraban en el nivel bajo para un 83,3 % y 1 en el nivel medio representando un 16,6%.

En el indicador redactar el problema matemático se encontraban 3 profesores en el nivel bajo representando un 50%, 2 en el nivel medio para un 33,3% y 1 en el nivel alto para el 16,6%.

De forma general en esta dimensión los 6 profesores se encontraban en el nivel bajo evidenciando la insuficiente preparación que poseen para la formulación de problemas.

En la dimensión trabajo en el problema.

En el indicador orientaciones previas para el trabajo con el problema se encontraban 3 profesores en el nivel bajo representando un 50%, pues se limita a enunciar el problema, 2 en el nivel medio para un 33,3% logrando brindar las orientaciones básicas y 1 en el nivel alto para el 16,6%.

En el indicador procedimiento heurístico para el trabajo en el problema se encontraron en el nivel bajo 4 profesores representando el 66,6% no fueron capaces de brindar a los alumnos las herramientas necesarias para trabajar en el problema y 2 en el nivel medio para un 33,3% ofrece diferentes niveles de ayuda, aunque estas no siempre se corresponden con la exigencia del problema.

De forma general en esta dimensión 5 profesores se ubicaron en el nivel bajo representando 83,3 % y 1 en el nivel medio para un 16,7 %. Se constató que son insuficiente las acciones que dirige el profesor a orientar el trabajo en el problema y brindar los diferentes niveles de ayuda a los alumnos a partir de los procedimientos heurísticos que se lo permitan.

Según los resultados de cada dimensión, la variable preparación del profesor para formular y dar solución a problemas que integren los contenidos de las áreas matemáticas con lo cotidiano, determinaron las siguientes insuficiencias:

- Poco dominio de los contenidos para integrar las áreas matemáticas.
- Insuficiente dominio y uso del diagnóstico psicopedagógico de los alumnos, lo que limita la formulación de problemas que integren las áreas matemáticas con lo cotidiano.
- Inadecuada preparación de los profesores para elaborar los elementos estructurales de los problemas que integren los contenidos de las áreas matemáticas.
- No se potencia la zona de desarrollo próximo en los alumnos partiendo del diagnóstico y los niveles de ayuda.
- En el trabajo con los problemas el profesor se limita a la solución y no a la formulación y modelación.
- Son insuficientes las orientaciones previas, así como los diferentes niveles de ayuda a los alumnos en la resolución de problemas a partir de los procedimientos heurísticos.

La muestra está compuesta por 6 profesores, 4 son licenciados en una asignatura (uno en Historia, uno en Química y dos de la especialidad de Profesor General Integral) y el resto, son docentes en formación. En este no hay profesores especialistas en Matemática. La experiencia de estos profesores en la asignatura se limita a los cuatro años de aplicación de las transformaciones y solo los docentes en formación han recibido alguna preparación en este contenido.

II.II: Elementos significativos para la elaboración de la metodología

Los elementos antes referidos evidencia el papel cada vez más importante que se le otorga a la formulación y solución de problemas desde las diferentes asignaturas y en especial desde la Matemática, sin embargo, a pesar de los esfuerzos realizados aún en las aulas no se logra que los profesores dominen las herramientas necesarias que le permitan según las necesidades de sus alumnos elaborar problemas que integren las áreas matemáticas con lo vivencial y cotidianode, ahí que en este trabajo se propone una metodología dirigida al cumplimiento del objetivo presentado.

Con esta propuesta se pretende ofrecer una metodología que le permita al profesor adquirir una preparación adecuada en la formulación y solución de los problemas que integren las áreas matemáticas con lo cotidiano, al definir un conjunto de acciones a seguir en cada momento y las estrategias a realizar. Se debe prestar atención al trabajo en equipo que se realiza desde el colectivo de grado y las preparaciones metodológicas para poder socializar las diferentes ideas de los profesores y someter a debate las reflexiones de los que tengan mayor experiencia en el tema.

El profesor promoverá el intercambio de ideas entre los alumnos, ofreciendo un ambiente de trabajo, que estimule la reflexión crítica y cooperativa del contenido. Una característica fundamental de la propuesta es que se concibe potenciar conjuntamente el componente instructivo con el educativo y como forma fundamental de trabajo el debate que propicie la confrontación de ideas y el desarrollo del pensamiento lógico, abstracto, algorítmico dirigido a la presentación de modelos que den solución a problemas de lo cotidiano, vivencial.

El diseño de la propuesta está en correspondencia con las transformaciones que se operan en la enseñanza de la asignatura Matemática y propicia el cumplimiento de los objetivos propuestos para el grado específicamente lo relacionado con la formulación y solución de problemas.

Los elementos significativos que la sustentan son los siguientes:

Primero: se parte de considerar a los alumnos como sujetos con potencialidades para el aprendizaje, para lo cual se parte del diagnóstico de la situación real (zona de desarrollo actual) para transformar dicha situación a planos superiores (zona de desarrollo potencial) con la guía y conducción del profesor hasta lograr la participación independiente y grupal de estos y permitiendo el tránsito progresivo hacia etapas superiores de desarrollo.

Segundo: se considera la variedad de problemas que integren las áreas matemáticas que permitan una comprensión integral del contenido, significación y aplicabilidad en los diferentes contextos de actuación.

Tercero: parte de considerar la integración de los contenidos matemáticos como vía para lograr la sistematización y actualización de los contenidos propiciando un aprendizaje significativo.

Cuarto: se considera al profesor como guía, orientador y facilitador de la actividad, el cual promueve el aprendizaje a ritmos diferenciados de sus alumnos, a partir, del diagnóstico psicopedagógico integral.

Quinto: se centra en promover el análisis crítico del contenido, su significado, utilidad, importancia y trascendencia al plano social e individual y los nexos con otros contenidos.

Sexto: debe potenciar la investigación y el uso de las TIC, como vía para satisfacer las necesidades individuales y grupales de los alumnos, generar motivación y profundizar en el contenido para cumplir los objetivos trazados.

Es significativo señalar que las principales acciones respecto al tratamiento de los problemas se dirigen a ofrecer diferentes alternativas para su solución, dejando en un segundo plano lo relacionado con la formulación de problemas, la construcción de modelos, por lo que se hace necesario que la nueva propuesta permita tener en cuenta las necesidades individuales y grupales de profesores, alumnos. Su relación con las TIC Además de tener presente las características del contexto en el que se desarrolla el proceso de enseñanza aprendizaje.

El uso fundamental de los problemas está centrado en la instrucción de los alumnos, dejando en un segundo plano el componente educativo del mismo. Por lo que se propone desarrollar actividades donde se trabaje con mayor incidencia la educación y el desarrollo integral y armónico de la personalidad, con énfasis en los contenidos de trascendencia al ámbito familiar y social que le posibiliten al alumno vincular los conocimientos adquiridos con los nuevos y los pueda utilizar en las diferentes situaciones que se le presentan en lo vivencial y cotidiano.

Otro elemento que se tiene en cuenta para la elaboración de la metodología es el nivel de preparación de los profesores en cuanto a:

- Contenidos de la asignatura del currículo.

- Conocimientos de la didáctica y metodología de la asignatura.
- Conocimiento teórico-práctico sobre la formulación y solución de problemas.

Un aspecto al cual se le debe brindar atención es el relacionado con la especialidad de procedencia de los profesores, es decir, si el profesor tiene una formación Matemática o es de otra especialidad y se encuentra impartiendo la asignatura. Por lo que es preciso considerar el dominio y experiencia en el trabajo con la asignatura.

Los problemas que se presentarán en las clases deberán estar planificados por niveles de desempeño cognitivo que le permitan a los alumnos avanzar de lo fácil a lo complejo, de lo general a lo particular, de lo conocido a lo desconocido, de la dependencia a la independencia. Estos problemas deben ser variados en su contenido y forma que propicien en los alumnos el desarrollo de las habilidades necesarias para operar con ello.

Las acciones del profesor durante el desarrollo de las clases deben ser fundamentalmente de orientación y apoyo y no de ejecución para evitar sustituir el papel protagónico que deben desempeñar los alumnos para alcanzar los objetivos declarados en este tipo de clase donde el alumno debe consolidar los contenidos recibidos.

Para pasar a los elementos constitutivos de la propuesta debemos precisar que el término metodología está relacionado con la didáctica, el método y su enseñanza. Algunos autores consideran que una metodología es un sistema de procedimientos metodológicos para la solución de un problema (Gómez, 1984).

Para otros es una estructuración metodológica (Expósito, 2002). En correspondencia con las características de la investigación se asume la teoría de Expósito en que una metodología es una estructuración metodológica, ya sea de etapas y acciones, de fases o pasos que sustentada en una concepción didáctica desarrolladora, propicie el desarrollo acertado del proceso pedagógico.

Partiendo de la definición asumida se estructura la metodología a partir de etapas y acciones con sus respectivas recomendaciones. La propuesta está integrada en cuatro etapas: diagnóstico, planificación, ejecución y evaluación cada una con sus respectivas acciones y operaciones las cuales no constituyen un esquema inalterable, por el contrario, tienen un carácter flexible en su estructura, orden y ejecución, de tal manera que permitan adecuarse a las circunstancias particulares de cada profesor y tomar en el momento oportuno las medidas que posibiliten ir corrigiendo las dificultades en el propio proceso de aplicación de la propuesta.

Las acciones responden a la siguiente estructura interna:

Objetivo: precisa el propósito, el fin, la meta a alcanzar en cada acción o acciones.

Forma de ejecución: es la orientación acerca de las formas en que el profesor ejecutará cada una de las acciones y las vías de cómo hacerlo sin que ello se convierta en un algoritmo rígido, sino en una guía para su desarrollo.

Control y evaluación: concebida como un proceso que permita determinar en la ejecución de cada una de las etapas los logros, dificultades y barreras que obstaculizan el cumplimiento del objetivo propuesto y el desempeño de los participantes.

Estos elementos que declaramos como punto de referencia serán enriquecidos indudablemente, con las valoraciones de profesores con vasta experiencia en el tema y las propias contradicciones en la elaboración y posterior aplicación de la metodología.

II.III Metodología para la formulación y tratamiento de problemas en la asignatura Matemática

Etapa de diagnóstico:

En todo proceso educativo es necesario partir de la situación inicial en que se encuentran los elementos a estudiar como punto de partida de la labor del profesor. En este momento se debe determinar con precisión las necesidades y potencialidades de los alumnos y la preparación del profesor para enfrentar el aprendizaje de la Matemática a partir de las exigencias del nuevo modelo de Secundaria Básica, así como los elementos relacionados con el dominio del contenido, la metodología de la enseñanza de la Matemática y las actividades que se desarrollan en la preparación metodológica.

Acciones a desarrollar:

Acción # 1: **Análisis del contenido.**

Objetivo: identificar los contenidos matemáticos que por su complejidad, extensión, importancia, diversidad y nexos permitan la formulación de problemas que integren las áreas matemáticas logrando un aprendizaje desarrollador en los alumnos.

- Formas de ejecución: los profesores realizarán la revisión detallada del programa de la asignatura, la guía para el maestro, las orientaciones metodológicas, el cuaderno complementario, el software Elementos Matemáticos, los videos clases, el Programa director de la asignatura, objetivos formativos y el diagnóstico pedagógico integral de sus alumnos. Sobre la base del trabajo realizado determinarán los conocimientos, hábitos y habilidades que se proponen potenciar con la formulación y tratamiento de problemas.

Además, pueden apoyarse en su experiencia profesional como profesor y la valoración de los metodólogos, tutores de áreas de conocimiento y responsables de asignatura. Los contenidos en los que el grupo de forma general presenta dificultades deberán atenderse con prioridad, sobre todo aquellos vinculados con las líneas directrices.

Es necesario partir de las orientaciones recibidas en las diferentes actividades metodológicas realizadas a diferentes instancias y el curso recibido en la Maestría sobre Didáctica de la Matemática en la Secundaria Básica.

Está acción se debe realizar a partir del trabajo en equipo para potenciar la cooperación entre profesores y la socialización de los resultados que permitan su perfeccionamiento.

Control: a partir de la participación de cada profesor en el debate y la calidad de sus reflexiones y argumentos respecto a los materiales consultados, las actividades realizadas y el resultado logrado.

Evaluación: esta se realizará a partir de la autoevalución.

Acción # 2: **Análisis del diagnóstico.**

Objetivo: analizar detalladamente el diagnóstico pedagógico integral de los alumnos para determinar con precisión las dificultades y potencialidades que poseen tanto individuales como grupal respecto al contenido a tratar y las habilidades en el trabajo con problemas.

Formas de ejecución: el profesor hará un análisis detallado del diagnóstico pedagógico integral de los alumnos con vistas a conocer las dificultades en el contenido a tratar y las potencialidades para trabajar con él. Es necesario abordar las posibles causas que generan las insuficiencias manifestadas. Además de tener presente las anotaciones de las diferentes clases, el criterio del profesor, las inquietudes de los alumnos y sus expectativas, dudas, errores cometidos y desarrollo alcanzado en las habilidades que se trabajan.

Se requiere que el profesor domine con precisión qué elementos del conocimiento no es dominado por los alumnos, cual es el estado de preparación para enfrentarse al trabajo con diferentes problemas es decir:

- Conoce los pasos a seguir para trabajar con el problema.
- Domina los contenidos necesarios del tema.
- Motivación para el trabajo con problema.

Control: se realizará a partir de la capacidad del profesor para consignar las dificultades individuales y grupales de sus alumnos y las posibles proyecciones para su solución a partir de su atención diferenciada en las clases y fuera de estas. Además de la actividades que planificará para hacerlo.

Evaluación: se evaluará por el nivel de profundidad con que se halla realizado el diagnóstico, la determinación de individualidades y generalidades tanto positivas como negativas y el resultado que aportan las técnicas aplicadas.

Acción # 3 **Referentes sobre problemas.**

Objetivo: analizar los diferentes elementos teóricos que caracterizan la formulación y tratamiento de problemas en la enseñanza de la Matemática.

Formas de ejecución: es necesario para poder formular un problema adecuadamente conocer los elementos constitutivos como por ejemplo sus características dadas por L Campistrous y Celia Rizo:

1 Una situación desconocida que necesita ser transformada.

2 La vía para transformar la situación es desconocida

3 Se desea trabajar en la situación.

4 Se tiene los conocimientos necesarios para abordar la situación.

Debe tenerse presente las diferentes vías, métodos y procedimientos para el trabajo con problemas con énfasis en las estrategias heurísticas para el tratamiento de las diferentes fases del problema:

1. El análisis del problema o comprensión cualitativa de la situación planteada.
2. El análisis de las posibles vías de solución.
3. La solución cuantitativa o cualitativa del problema.
4. La comprobación y evaluación del resultado, así como de la vía de solución.

En esta acción es necesario que el profesor domine las diferentes formas que puede utilizar para lograr la integración de los contenidos de las áreas matemáticas.

Además de los elementos antes expuestos consideramos necesario que el profesor domine los requisitos que deben ser considerados para formular un problema según Labarrere (1980):

- Conocer los elementos que componen la estructura de un problema.
- Saber que un verdadero problema con texto incluye determinados datos, que en la mayoría de las ocasiones, indican cantidades y

magnitudes y que de no incluirse los datos necesarios para la solución, esta no puede efectuarse.

- Conocer que en los problemas existen determinado número de condiciones, donde se establecen las relaciones que guardan entre sí los datos.
- Saber que en todo problema existe la pregunta o incógnita, en la que se plantea lo que es necesario encontrar o demostrar.

Control: se realizará a partir del dominio que demuestre el profesor de los elementos teóricos abordados.

Evaluación: se evaluará a partir del criterio personal de cada profesor del trabajo de autosuperación realizado.

Etapa de Planificación

Una vez concebidas las diferentes acciones de la etapa de diagnóstico es necesario proyectar acertadamente las acciones dirigidas a resolver las necesidades identificadas y elevar a planos superiores las potencialidades detectadas. Además de lograr, a partir de la planificación que se realiza la estructuración adecuada del contenido, los objetivos propuestos y el nivel de asimilación de los alumnos.

Acciones a realizar:

Acción # 1: **Formulando el problema.**

Objetivo: analizar los diferentes pasos a tener en cuenta para formular un problema que integre las áreas de conocimiento.

Forma de ejecución:

Para la ejecución de esta acción es imprescindible partir del resultado de la acción número 3 de la etapa de diagnóstico referida al estudio de la teoría acerca de los problemas. Con estos elementos se procede a la formulación de los problemas que se utilizarán en las diferentes actividades por el profesor para ello debe tener en cuenta los siguientes elementos:

Tipo de clase de consolidación para tener en cuenta la complejidad del problema.

Nivel de desempeño cognitivo alcanzado por los alumnos.

Nivel de motivación de los alumnos para enfrentarse al problema.

Intencionalidad política.

Carácter interdisciplinario del contenido.

A partir de aquí seguirá los siguientes pasos:

1. Determinar el contenido.

- ¿Cuáles son los objetivos de la unidad y del sistema de clases?
- ¿Qué área del conocimiento matemático va a trabajar y su integración con las demás áreas? (aritmética, geometría, álgebra)
- ¿A qué modelo matemático conducirá el problema?
- ¿Cómo se relaciona el problema con el medio donde conviven los alumnos? (ámbito social, nacional e internacional).

2. Análisis de los datos.

- Obtener los datos. Utilizar una vía donde se obtengan datos reales, y actuales relacionados con las actividades sociales de la comunidad, lo económico, lo político, cultural, deportivo, ambiental etc.
- Consultar diferentes materiales emitidos por la prensa, libro de texto, software, revistas y otros que demuestren el desarrollo alcanzado por la revolución en las diferentes esferas sociales.
- Establecer las posibles relaciones entre los datos seleccionados que permitan la integración de los mismos en el problema.

3. Formular el problema.

- Plantear la situación inicial.
- Determinar los elementos del problema.

- Redactar el problema de una forma clara y precisa que permita la comprensión por parte de los alumnos de lo que realmente se les pide y con que cuentan para ello.

4. Comprobar.

- Es necesario aportar los datos necesarios y suficientes que permitan a los alumnos resolver el problema.

- Tener presente las diferentes preguntas que se pueden formular en orden gradual según el análisis del problema.

- El texto debe ajustase a lo que se va a pedir a los alumnos.

7. Resolver el problema.

El profesor debe resolver el problema por las diferentes vías y tener presente que las soluciones sean compatibles con los conceptos y teoremas referidos en el problema.

En esta acción el profesor debe tener presente las tres fases propuestas por la MSc Mirtha Digna Mola Torres que son: escritura del texto del problema, su solución por todas las vías posibles y su validación por parte de otros profesores y alumnos seleccionados con anterioridad. De la parte externa del problema, de su calidad, claridad, coherencia, concordancia y creatividad, depende, en buena parte, la comprensión que de el tenga el alumno, su motivación para resolverlo y la información educativa que les deje.

En la acción de formular el texto está dirigida al profesor pero que comprende también al alumno, principalmente a los de grado séptimo y octavo, que pueden y deben participar de forma parcial en la búsqueda de datos, en la relación que se pueda establecer con ellos o en las operaciones aritméticas que se puedan utilizar, o de forma total en el caso de los alumnos de noveno grado.

Las acciones a desarrollar por los profesores en cada una de las fases que componen esta etapa están dirigidas a que el producto final, que es el problema, le sea formulado al alumno con la mayor calidad posible, acciones que se muestran a continuación.

Escribir el texto.

Hay que lograr que el texto motive a los alumnos, que lo harán siempre que el planteo de los problemas les resulte verdaderamente interesante, para ello la autora considera que el texto elaborado por el profesor, responde al objetivo propuesto cuando cumple los siguientes indicadores:

- Redactado en un lenguaje claro y sencillo. (Utilización acertada de la lengua materna)
- Los datos extraídos del contexto social.
- Relación entre lo dado y lo buscado.
- Vía de solución desconocida.
- Asequible al grado.
- Posibilidad de reformularse.
- Lleve un mensaje al alumno.

b) **Solucionar el problema por todas las vías posibles.**

Se refiere, a la solución que debe realizar el profesor, al problema que está elaborando, teniendo en cuenta, todas las vías o estrategias posibles de solución que el alumno pueda encontrar, una vez, se le haya propuesto el problema, acción esta que no solo evitará riesgos de que al alumno enfrentarse a él, descubra alguna incongruencia que obstaculice el cumplimiento del objetivo para el cual fue elaborado el mismo, sino que el profesor analice las posibles preguntas heurísticas que como impulsos pueda dar a sus alumnos, para que estos encuentren el camino a seguir para darle solución y la valoración ideopolítica que del mismo pueda hacer, según las motivaciones e intereses que despierte en sus alumnos , aspecto que no puede dejar al azar, que debe estar bien planificado, pues en él está cifrada la máxima aspiración para la cual fue elaborado el problema.

c) **Validar el problema.**

Una vez concluido el problema, debe ser validado, no basta con que el profesor la haya resuelto por las vías que el consideró podía hacerse, pues como fue él mismo el que lo elaboró, puede correr el riesgo de realizar una operación que tenga en el subconsciente y que el problema no lo tenga claro. Esa validación la pueden realizar otros profesores del departamento, que pueden o no ser de la especialidad, también lo pueden validar alumnos que se seleccionen.

Control y evaluación: Se realiza a través de la originalidad con que los profesores sean capaces de formular problemas variados, con diferentes textos, su nivel de complejidad y alto nivel de motivación.

Acción # 2: **Planificar las preguntas para el debate.**

Objetivo: elaborar las preguntas correspondientes para el debate del contenido tratado en el problema y la significación de los datos mostrados, las cuales deben permitir la valoración sobre la esencia del contenido y su trascendencia al ámbito familiar y social.

Formas de ejecución: el profesor elaborará las preguntas que realizará una vez realizado por los alumnos el problema. Se deben elaborar preguntas (claras, precisas y objetivas) que conlleven al alumno a debatir la esencia del contenido y su significado. Deben ser preguntas que promuevan el intercambio, la reflexión y el debate profundo y que estén en dependencia de la edad de los alumnos y el nivel alcanzado.

Control y Evaluación se hará a partir de los resultados alcanzados en la elaboración de las preguntas según su claridad, asequibilidad y objetividad. Se evaluará de forma individual y colectiva.

Acción # 3: **Consolidando el contenido.**

Objetivo: elaborar los ejercicios que realizarán los alumnos una vez resuelto el problema teniendo en cuenta los niveles de desempeño cognitivo.

Formas de ejecución: se elaborarán ejercicios con datos del ámbito nacional, internacional y social, ya sean de carácter económico, social o político, que a partir de su solución permitan demostrar la superioridad del sistema socialista. Las situaciones presentadas a los alumnos deben evidenciar la utilidad de la matemática para resolver diversas situaciones que se presentan en el contexto de actuación personal. Los ejercicios deben ser (variados en contenido y forma) con un adecuado nivel de profundidad en correspondencia con el objetivo planteado. Debe utilizarse como vía fundamental para la presentación de estos ejercicios situaciones problémicas que permitan desarrollar el pensamiento lógico y se ponga de manifiesto la creatividad del alumno.

Control y evaluación: el trabajo realizado en la elaboración de los ejercicios quedará registrado para su análisis posterior y utilización en la aplicación de la propuesta por parte del profesor y solución por parte de los alumnos, en la evaluación se tendrá en cuenta la diversidad de ejercicios en relación con los tres niveles de desempeño y por tanto el rigor, profundidad y grado de complejidad y aplicación del contenido a integrar.

Acción # 4 **Tratamiento a los problemas formulados.**

Objetivo: analizar las diferentes vías y procedimiento para dar tratamiento a los problemas en la clase.

Forma de ejecución: el profesor debe determinar en que momento de la clase va a trabajar con los problemas y la orientación que dará a los alumnos para ello. Tendrá en cuenta los niveles de desempeño cognitivo del grupo para la atención diferenciada de los alumnos con mayores dificultades dentro de la clase y después de esta. Debe señalarse que el profesor unido a los conocimientos, hábitos y habilidades que desarrollará con el trabajo de los alumnos en el problema debe potenciar el componente formativo del mismo, logrando la comprensión de cada elemento del problema y la significación de los mismos a partir, de una utilización adecuada de alguna de las estrategias heurísticas que debe estar en correspondencia con la complejidad del problema.

Además, el profesor debe concebir que acciones le van a permitir lograr la motivación de los alumnos para el trabajo en el problema y el aseguramiento de las condiciones previas para enfrentar el mismo, partiendo del diagnóstico pedagógico que fue objeto de análisis en la etapa anterior.

Es necesario tener en cuenta que el problema a trabajar esté en correspondencia con los contenidos trabajados en los programas de estudio y se relacionen con las invariantes de la asignatura.

Durante el trabajo con el problema el profesor debe prever las acciones a ejecutar en cada momento, especial atención debe brindarse al trabajo que se realizará en el análisis de las posibles vías de solución destacando los nexos y relaciones que se manifiestan entre los diferentes conceptos, procedimientos y contenidos tratados que permitan un aprendizaje desarrollador logrando el tránsito progresivo de la dependencia a la independencia de sus alumnos.

Control y evaluación: se realizará a partir de la capacidad del profesor de concebir de forma integral las acciones que realizará en el trabajo con el problema en correspondencia con las necesidades y potencialidades de sus alumnos.

Etapa de ejecución

La etapa de ejecución comprende la puesta en práctica de lo planificado hasta el momento con vistas a la formulación y tratamiento de problemas que integren los contenidos de las áreas matemáticas. En este momento se debe llevar un registro detallado del resultado de cada acción que permita determinar los logros alcanzados y las dificultades manifestadas para evaluar su posible solución antes de continuar con las demás acciones.

Acciones a desarrollar:

Acción # 1: **Orientación del problema.**

Objetivo: realizar las orientaciones para la resolución del problema.

Forma de ejecución: el profesor orientará el problema a los alumnos, precisando los elementos esenciales a los cuales se le prestará mayor atención durante la actividad. Es necesario que se logre, con la orientación, la motivación inicial y posterior para el trabajo en el problema y se garantice la atención de los alumnos. Deben declararse con claridad los objetivos que se persiguen y las acciones para alcanzarlos durante las acciones a desarrollar.

Control y evaluación: se hará a partir de los resultados obtenidos en la determinación de los elementos esenciales seleccionados a partir del trabajo con el problema y el logro de los objetivos trazados. Se evaluará mediante autoevaluación, alternativa que contribuirá a elevar la autocrítica y a fortalecer rasgos positivos de la personalidad como la autoestima y permitirá a cada profesor determinar sus insuficiencias.

Acción # 2: **Trabajando en el problema.**

Objetivo: resolver el problema por parte de los alumnos.

Forma de ejecución: en este momento los alumnos trabajarán de forma individual en la solución del problema según el tiempo planificado, de tal manera que no afecte el desarrollo de la clase. En este momento el profesor debe garantizar las condiciones necesarias para la actividad, velará por la disciplina, evitará las interrupciones que desconcentren a los alumnos, hará apuntes sobre los elementos que considere importante a partir del control que realizará en cada puesto de trabajo preferentemente con los alumnos identificados con mayores dificultades en el diagnóstico para poder ofrecer las ayudas o impulsos necesarios que le permitan dar solución al problema.

Control y evaluación: la acción se controlará a partir de la observación del profesor durante el trabajo en problema. La evaluación se realizará a partir de los siguientes elementos:

- Se crean las condiciones necesarias para el trabajo en problema.
- Se logra la atención durante la orientación del profesor.
- Se evitan las interrupciones.

Acción # 3: **Debate de los resultados obtenidos.**

Objetivo: realizar el debate correspondiente de los resultados obtenidos por los alumnos en el trabajo con el problema a partir de las preguntas previamente planificadas dirigidas al cumplimiento de los objetivos.

Forma de ejecución: una vez resuelto el problema por todos los alumnos o la mayoría se procederá al debate del contenido del mismo a partir de las preguntas que previamente elaboró el profesor, las cuales deben propiciar abordar los elementos esenciales del contenido (conocimientos, habilidades, valores). Además, es necesario prestar atención a las dudas, reflexiones y preguntas de los alumnos. Se debe de explotar las potencialidades del problema en aquellos elementos con trascendencia al ámbito social y familiar. Es importante realizar preguntas que permitan vincular esta acción con las siguientes.

Control y evaluación a partir de la observación al trabajo de los alumnos, su protagonismo en el debate del contenido, las vías de solución al problema y el nivel de profundidad de los criterios abordados según los argumentos que exponen, se evaluará de forma sistemática, teniendo en cuenta la participación de los alumnos en cada una de las preguntas realizadas, los argumentos que expone, la disciplina durante la actividad, independencia, creatividad, socialización de los resultados y nivel alcanzado en el dominio del contenido y su aplicación.

Acción # 4: **Profundizando en lo aprendido.**

Objetivo: resolver los diferentes problemas planificados que propicien la consolidación de los conocimientos, hábitos y habilidades declarados en la clase.

Forma de ejecución: el profesor orientará la resolución de problemas variados en contenido, forma y vías de solución, predominantemente a partir de la presentación de situaciones problémicas que exijan de los alumnos un papel protagónico y activo en el desarrollo de los mismos, donde tengan que aplicar los conocimientos y habilidades matemáticas a situaciones nuevas, siempre relacionadas con datos económicos, sociales y políticos del ámbito social, nacional e internacional. Durante la realización de los mismos brindará ayuda a los que la necesiten y atenderá de forma diferenciada a los alumnos que lo requieren. Además, es importante la revisión de los problemas en la pizarra y el debate de los mismos.

Control y evaluación: se realizará en los puestos de trabajo de los alumnos a partir del seguimiento al desarrollo de la actividad por parte del profesor, la evaluación será de forma sistemática a partir de preguntas orales y escritas, teniendo en cuenta los siguientes elementos:

- Independencia.
- Vías de solución que utilizan.
- Socialización de los resultados.

Acción # 5: Ampliar los conocimientos.

Objetivo: **orientar las actividades de estudio independiente que realizarán los alumnos con vistas a profundizar en los contenidos y su integración.**

Forma de ejecución: en la orientación de las actividades independientes el profesor debe precisar los objetivos que se persiguen con su ejecución, las vías y procedimiento que utilizará para su realización, la bibliografía a consultar, la importancia de las mismas y las formas y momentos en que se evaluará esta actividad. Pueden orientarse seminarios, ejercicios del libro de texto o el software, búsquedas en Internet, tareas integradoras entre otras. Estas actividades deben permitir a los alumnos la profundización y ampliación del contenido para lo cual pueden apoyarse en la realización de esquemas, gráficos, resúmenes entre otros.

Control y evaluación: esta acción se podrá controlar en forma de seminarios, exposiciones, trabajos escritos, búsquedas bibliográficas entre otras. El profesor se apoyará en los alumnos monitores de la asignatura para la evaluación se tendrán en cuenta los siguientes elementos:

- Creatividad en la realización de las actividades.
- Bibliografía consultada.

- Valoraciones realizadas.
- Aplicación de los contenidos.

Etapa de evaluación

La evaluación constituye un proceso necesario para la constatación del logro de los objetivos trazados y la retroalimentación de lo que está sucediendo. A partir de ella es posible evaluar el cumplimiento de cada una de las etapas anteriores y determinar los logros y dificultades manifestadas en las etapas anteriores.

Acciones a desarrollar:

Acción # 1: **Evaluar lo planificado.**

Objetivo: constatar el cumplimiento de cada una de las etapas ejecutadas.

Forma de ejecución: en la realización del taller es necesario que los profesores expongan sus ideas acerca de los logros alcanzados en cada etapa, las principales dificultades manifestadas y las barreras que impidieron el óptimo desarrollo de las mismas. Las opiniones acerca de sus recomendaciones para perfeccionar la propuesta. Su valoración acerca de la concepción general de la metodología y las transformaciones logradas en el aprendizaje y modos de actuar de los alumnos.

Control y evaluación: a partir de la participación de cada profesor en el debate y la calidad de sus reflexiones y argumentos respecto a los problemas formulados y tratados, se evaluará a partir de la calidad de las reflexiones realizadas, la originalidad de las ideas, la determinación de las regularidades en el proceso de instrumentación de la propuesta.

Acción # 2: **Evaluar el desarrollo alcanzado por los alumnos en lo instructivo, educativo y desarrollador.**

Objetivo: valorar las transformaciones operadas en los alumnos desde el punto de vista instructivo, educativo y desarrollador.

Forma de ejecución: es necesario que cada profesor valore los logros alcanzados por cada uno de sus alumnos a partir de conocer sus principales motivaciones, niveles alcanzados en la adquisición de conocimientos, hábitos y habilidades matemáticas, las expectativas antes y después de la aplicación de la metodología, su criterio acerca de la formulación y tratamiento de problemas que integren los contenidos de las áreas matemáticas.

Control y evaluación: se realizará a partir de la revisión del registro de sistematización de cada profesor, las evaluaciones de los alumnos y el diagnóstico. Se evaluará a partir de la calidad de las reflexiones realizadas, la originalidad de las ideas, la determinación de las regularidades en el proceso de instrumentación de la propuesta. Además de los resultados alcanzados en el aprendizaje de los alumnos y las motivaciones que muestran por la solución de problemas.

Acción # 3: **Evaluar la socialización de los resultados.**

Objetivo: valorar la socialización de los contenidos tratados en los diferentes problemas relacionados con los contextos de actuación de los alumnos.

Forma de ejecución: es imprescindible para la labor formativa del profesor, conocer la significación que adquiere cada uno de los contenidos recibidos por el alumno para la aplicación por este en las diferentes situaciones a las que se enfrenta en sus contextos de actuación, a partir de las relaciones con sus compañeros, amigos, vecinos y familiares. En esta acción es necesario que se valore el cumplimiento de las orientaciones realizadas para lograr la vinculación del contenido con los contextos de actuación de los alumnos.

Control y evaluación: a partir de observaciones realizadas, intercambios con las familias, compañeros y otros grupos sociales. La evaluación se hará de forma individual, por criterio personal del profesor y mediante la aplicación de técnicas, entre las que se puede emplear completamiento de frases y lluvia de ideas.

Acción # 4: **Evaluar el desarrollo alcanzado por los profesores.**

Objetivo: valorar las transformaciones operadas en los profesores desde el punto de vista instructivo, educativo y desarrollador referente a la formulación y tratamiento de problemas que integren los contenidos de las áreas matemáticas.

Forma de ejecución: es necesario valorar la preparación alcanzada por los profesores en el trabajo para la formulación y tratamiento de problemas que integren las áreas matemáticas para lo cual debe tenerse presente el resultado alcanzado en la etapa con sus alumnos. Las habilidades adquiridas para el trabajo con diferentes problemas en sus aulas.

Es necesario prestar especial atención a la integración que logró entre las áreas matemáticas en cada problema, la variedad de los problemas formulados, su adecuación en función de los niveles de sus alumnos y el desarrollo alcanzado por los mismos. Así como la calidad en la ejecución de cada una de las etapas propuestas.

Control y evaluación: se realizará a partir de un registro de sistematización elaborado en toda la fase de aplicación de la propuesta, las valoraciones de los directivos del centro donde se aplicó la metodología y el criterio del investigador.

II.IV Aplicación de la metodología

En este epígrafe se hará referencia a las concepciones generales de la puesta en práctica de la metodología para corroborar su efectividad, con este objetivo se aplicó un experimento pedagógico, que atendiendo al grado de control de las variables se clasifica en pre-experimento.

La aplicación de la propuesta se desarrolló en el curso escolar 2007-2008 en la ESBU ¨ Máximo Gómez del municipio Mjibacoa, en la provincia de Las Tunas. Concibiéndose con un carácter transformador, verificador y de evaluación cuantitativa y cualitativa. La misma se desarrolló en el contexto natural de la escuela.

Esta se implementó en los siguientes momentos:

- Aplicación de la metodología en la práctica educativa.
- Constatación final de la efectividad de la propuesta
- Comparación del estado inicial y final.

Se procedió a implementar la propuesta metodológica procediendo de la siguiente forma:

1. Coordinación con la dirección del centro para la aplicación de la propuesta (última semana de agosto).
2. Entregar la metodología a cada profesor (primera semana de septiembre) y orientar las actividades para la realización de un taller.
3. Puesta en práctica de la metodología durante el período octubre del 2007 a diciembre del 2008. Durante la aplicación de la metodología se realizó un seguimiento sistemático a su desarrollo, que permitió conocer en cada momento las dificultades a las que se enfrentaban los profesores y constituyó la vía fundamental de perfeccionamiento de la propuesta.
4. Una vez instrumentada la metodología se procedió a la aplicación del diagnóstico final (Anexo XIII) para conocer los resultados alcanzados, ellos fueron:

Dimensión metodología para formular el problema.

En cuanto al indicador determinar los contenidos matemáticos a integrar se encontraba en el nivel bajo 2 profesor representando el 33,3 %, 3 en el nivel medio para un 50% y 1 en el nivel alto para un 16,6%.

En el indicador elaborar los elementos estructurales del problema matemático 2 profesores se encontraban en el nivel bajo para un 33,3 %, 2 en el nivel medio representando un 33,3% y 2 en el alto para un 33,4%.

En el indicador redactar el problema matemático se encontraban 1 profesor en el nivel bajo representando un 16,6%, 1en el nivel medio para un 16,6% y 4 en el nivel alto para el 66,7%.

De forma general en esta dimensión 1 profesor se encuentra en el nivel bajo evidenciando la insuficiente preparación que posee para la formulación de problemas, 4 en el nivel medio par un 66,6% al expresar correctamente y con suficiente claridad, las relaciones matemáticas entre los datos y 1 en el nivel alto representando un 16,7%.

En la dimensión trabajo en el problema.

En el indicador orientaciones previas para el trabajo con el problema se encontraban 1 profesor en el nivel bajo representando un 16,6% pues se limita a enunciar el problema, 2 en el nivel medio para un 33,3% logrando brindar las orientaciones básicas y 3 en el nivel alto para el 50%.

En el indicador procedimiento heurístico para el trabajo en el problema se encontró en el nivel bajo 1 profesor representando el 16,6% pues no brindó a los alumnos las herramientas necesarias para trabajar en el problema, 3 en el nivel medio para un 50% ofrece diferentes niveles de ayuda aunque estas no siempre se corresponden con la exigencia del problema y 2 en el nivel alto representando un 33,3%.

De forma general en esta dimensión 1 profesor se ubicó en el nivel bajo representando 16,6%, 3 en el nivel medio para un 50 % y 2 en el nivel alto para un 33,3%.

Además de los datos cuantitativos mostrados anteriormente es significativo señalar que desde el punto vista cualitativo se evidenció:

Mayor motivación por parte de profesores para la elaboración de problemas que integren los contenidos de las áreas matemáticas.

Se elevó el interés de los alumnos en la resolución de problemas.

Se manifestó una mejor concepción y planificación de las clases de consolidación.

Mayor rendimiento académico de los alumnos en la asimilación de los conocimientos, hábitos y habilidades del grado reflejado en las diferentes evaluaciones realizadas.

Mayor protagonismo de los alumnos en las actividades desarrolladas a partir de una mejor comunicación y socialización de los resultados.

Teniendo en cuenta los resultados cuantitativos y cualitativos se pudo constatar el nivel de desplazamiento alcanzado en cada uno de los indicadores con la instrumentación de la metodología dirigida a potenciar la preparación de los Profesores Generales Integrales en la formulación y tratamiento de problemas que integren los contenidos de las áreas matemáticas, lo cual demuestra su efectividad.

No obstante, a los resultados positivos mostrados, debemos señalar que se requiere de una mejor concepción del trabajo metodológico que desarrollan las diferentes estructuras de dirección en función de la preparación de los Profesores Generales Integrales para la formulación y tratamiento de problemas que integren los contenidos de las áreas matemáticas. Así como, el seguimiento a los profesores que a pesar de haber elevado su preparación aún no logran los niveles deseados.

CONCLUSIONES

El proceso de aplicación de la metodología dirigida a potenciar la preparación de los Profesores Generales Integrales en la formulación y tratamiento de problemas que integren los contenidos de las áreas matemáticas permitió establecer sus potencialidades para la implementación en la práctica.

El análisis de los resultados alcanzados permitió el perfeccionamiento de la propuesta sobre la base de la experiencia obtenida con su aplicación y el criterio de los profesores que conforman la muestra.

La metodología puesta en práctica constituye una vía para lograr la preparación de los Profesores Generales Integrales en la formulación y tratamiento de problemas que integren los contenidos de las áreas matemáticas, lo antes expuesto quedó demostrado en la corroboración de la propuesta, lo cual permite afirmar que el objetivo de esta investigación ha sido cumplido.

1) El devenir histórico en la formulación y solución de problemas que integren los contenidos en el proceso de enseñanza aprendizaje de la asignatura Matemática tiene como tendencias: la formación y preparación de los profesores ha sido una prioridad, el sistema de trabajo metodológico que se instrumenta en la escuela constituye la vía fundamental de preparación de los profesores, el tratamiento a la formulación de problemas de lo cotidiano en la enseñanza de la Matemática no tiene un carácter sistémico.

2) La elaboración de la metodología dirigida a la preparación de los profesores para la formulación y solución de problemas que integren los contenidos de las áreas matemáticas con lo cotidiano y vivencial se sustenta en las concepciones del enfoque Histórico Cultural formulado por Vigostky y seguidores. Integrando hoy el uso de las –TIC.

3) Los resultados obtenidos con el procesamiento de la información, a partir de los instrumentos aplicados, evidencian insuficiencias en la preparación de los profesores para la formulación y solución de problemas

que integren los contenidos de las áreas matemáticas las cuales constituyeron elementos importantes para la elaboración de la metodología.

4) La metodología para la orientación de los profesor en la formulación y solución de problemas que integren los contenidos de las áreas matemáticas, está en correspondencia con el fin y los objetivos de la enseñanza y parte de considerar las necesidades y potencialidades del claustro.

5) La constatación empírica de la propuesta permitió corroborar su efectividad, lo cual quedó demostrado a partir del análisis cuantitativo y cualitativo realizado en el transcurso de la aplicación permitiendo concluir que el objetivo de la investigación fue cumplido.

BIBLIOGRAFÍA

Álvarez de Zayas, Carlos Manuel (1998). Pedagogía como ciencia, Editorial Academia, La Habana, Cuba.

Álvarez de Zayas, Carlos Manue (1999). La escuela en la vida. Didáctica. Editorial Pueblo y Educación, La Habana.

Addine Fernández, Fátima (2004). Didáctica, teoría y práctica. Edita:Pueblo y Educación. La Habana.

Amat Abreu, Mauricio (2004). Una Alternativa metodológica basada en la resolución de ejercicios para contribuir al desarrollo del pensamiento lógico en los alumnos de Secundaria Básica a través de la enseñanza de la Matemática. Tesis de Maestría, ISP Las Tunas.

Ballester, Pedroso Sergio y coautores (2000). Metodología de la Enseñanza de la Matemática. Tomo I. Editorial Pueblo y Educación La Habana.

Ballester, Pedroso Sergio y coautores (2000). Metodología de la Enseñanza de la Matemática. Tomo II. Editorial Pueblo y Educación La Habana.

Ballester, Pedroso Sergio y coautores (2002). El transcurso de la Línea Directriz: planteo, formulación y resolución de problemas. Tomado de "El transcurso de las líneas directrices en los programas de Matemática y la planificación de la enseñanza". Editorial Pueblo y Educación.

Blanco, Pérez Antonio (2003). Filosofía de la Educación. Editorial Pueblo y Educación. La Habana.

Campistrous, Luis (1984). La Importancia de la Enseñanza de la Matemática. En Seminario nacional a dirigentes, Metodólogos e inspectores de las direcciones provinciales y municipales de educación y de los Institutos Superiores Pedagógicos. Editorial Empresa impresores gráficas, MINED, La Habana.

Campistrous, Luis. y Celia Rizo (1996). Aprende a resolver problemas aritméticos. Editorial Pueblo y Educación. La Habana.

Campistrous, Luis. y Celia Rizo (2000). Tecnología, resolución de problemas y didáctica de la Matemática. ICCP, Ministerio de Educación, La Habana.

Colectivo de Autores (2005). Aprender y Enseñar en la Escuela. Editorial Pueblo y Educación. La Habana.

Cruz, M (1998). Sobre la formulación de problemas matemáticos. Comat' 98, ISP "Juan Marinello", Matanzas.

Cuba. Ministerio de Educación (2004). Noveno grado: programas. Secundaria Básica. La Habana: Ed. Pueblo y Educación.

Cuba. Ministerio de Educación (2004). Octavo grado: programas. Secundaria Básica. La Habana: Ed. Pueblo y Educación.

Fabio Omar, Hernán Yánez Ávila y Antonio Manuel Otero Dieguez (2015). " COMPUMAT 2015".
Algunas consideraciones sobre Matemática-Estudiantes de Ingeniería-Educador Matemático, TIC. UCI, La Habana Cuba. ISBN 978-959-286-036-0.

Ferrer, Maribel (2000). La resolución de problemas en la estructuración de un sistema de habilidades matemáticas en la escuela media cubana. Tesis doctoral, Biblioteca digital para los ISP, No. 1, MINED.

Fuentes, I (2001). La formulación de problemas en la asignatura Matemática de la Secundaria Básica. Tesis de maestría, ISP "Frank País", Santiago de Cuba.

Galperin, P (1986). Sobre el método de formación por etapas de las acciones mentales. En: Antología de la Psicología Pedagógica y de las Edades. Editorial Pueblo y Educación, La Habana.

García Batista, Gilberto (2004). Formación permanente del profesor, currículo y profesionalización. ISP Enrique José Varona

Gascón, J (1994). El papel de la resolución de problemas en la enseñanza de la matemática. En: Educación Matemática, Vol. 6, No. 3.

González Soca, Ana María y Reynoso Cápiro, Carmen (2002). Nociones de Sociología, Psicología y Pedagogía. Editorial Pueblo y Educación. La Habana.

González Rey, Fernando y A. Mitjáns (1989). La personalidad. Su educación y desarrollo. Editorial Pueblo y Educación, La Habana.

González Rey, Fernando (2006). Fundamentos de la investigación educativa. Tabloide de la Maestría en Ciencias de la Educación. Módulo 1. Segunda parte. Editorial Pueblo y Educación. La Habana.

González Rey, Fernando (2006). Fundamentos de la Investigación Educativa. Tabloide de la Maestría en Ciencias de la Educación. Módulo 2. Primera Parte. Editorial Pueblo y Educación. La Habana.

González Rey (2007), Fernando. Mención en Secundaria Básica. Documentos de Maestría, Módulo III, Segunda parte.

Jungk, Werner (1986). Conferencia sobre la metodología de la enseñanza de la matemática 2 (primera parte). Ciudad de La Habana: Editorial de libros para la educación.

Jungk, Werner (1988). Cómo enseñar a los alumnos de primaria a resolver problemas. Editorial Pueblo y Educación, La Habana.

Labarrere, Alberto (1998). Pensamiento. Análisis y autorregulación de la actividad cognoscitiva de los alumnos. Editorial Pueblo y Educación, La Habana. (1998)

Leóntiev, A. N (1982). Actividad-Conciencia-Personalidad. Editorial. Pueblo y Educación, La Habana.

Llivina, M.J. (1999): Una propuesta metodológica para contribuir al desarrollo de la capacidad para resolver problemas matemáticos. Tesis de Doctorado, La Habana.

Mason, J. et al (1989). Pensar matemáticamente. Editorial Labor, España.

Ministerio de Educación. V Seminario Nacional Para Educadores. En su presentación en Tabloide. Editorial Pueblo y Educación. La Habana, 2004.

Ministerio de Educación (2005). VI Seminario Nacional Para Educadores. En su presentación en Tabloide. Editorial Pueblo y Educación. La Habana, 2005.

Ministerio de Educación (2006). VII Seminario Nacional Para Educadores. En su presentación en Tabloide. Editorial Pueblo y Educación. La Habana, 2006.

Ministerio de Educación (2004). Programa de Matemática vigente en la Secundaria Básica. Editorial Pueblo y Educación. La Habana.

Ortiz Torres, Emilio (2006). Concepciones teóricas y metodológicas sobre el aprendizaje. Material en soporte digital, ISP José de la Luz y Caballero. Holguín.

Otero D.A.M (2008): Las TIC para el logro de un aprendizaje significativo de la Matemática, URL:http://www.monografias.com/trabajos68/tics-logro-aprendizaje-significativo-matematica/tics-logro-aprendizaje-significativo-matematica.shtml..

Otero D.A.M (2008): Un acercamiento a la influencia de la Informática en la enseñanza de la Matemática. URL:http://www.monografias.com/trabajos24/informatica-matematica/informatica-matematica.shtml.

Polya, G: Cómo plantear y resolver problema (1989). Editorial Trillas, México.

Santiesteban Pérez, Isabel y Rodríguez Ortiz, Maricela (2005). Propuesta metodológica para contribuir a la resolución de problemas en la enseñanza media. ISP, Las Tunas.

Silvestre Oramas, Margarita y Silberstein Torunchn, José (2000). Enseñanza aprendizaje desarrollador. México. Ceid Neza Hualcay.

Talízina, N (1988). Psicología de la enseñanza. Editorial Progreso, Moscú, 1988.

Valledor Estevil, Roberto (2002). El criterio de especialistas y el experimento pedagógico en las investigaciones educacionales. En soporte digital, Biblioteca MIE.

Valledor Estevil, Roberto y Ceballo, Margarita. Los métodos de la investigación educacional. En soporte digital, Biblioteca MIE.

Vigotsky, Lev. S (1992). Pensamiento y lenguaje. Editorial Pueblo y Educación, La Habana.

Zilberstein Toruncha, José (2004) En Interdisciplinariedad. Hacia una concepción desarrolladora. Editorial Pueblo y Educación. La Habana.

Zillmer, W (1981). Complementos de metodología de la enseñanza de la Matemática. Editorial de Libros para la Educación, La Habana.

ANEXO I Fundamentación de las categorías de los indicadores

Dimensiones	Indicadores	BAJO	MEDIO	ALTO
Metodología para formular el problema.	Determinar los contenidos matemáticos a integrar.	No determina con precisión y claridad los contenidos de las diferentes áreas Matemáticas ni declara la forma de integrarlos.	Determina con precisión y claridad los contenidos de las diferentes áreas Matemáticas pero no declara la forma de integrarlos.	Determina con precisión y claridad los contenidos de las diferentes áreas Matemáticas y la forma de integrarlos.
	Elaborar los elementos estructurales del problema matemático.	No expresa correctamente y con suficiente claridad, las relaciones matemáticas entre los datos y no enuncia el texto del problema con la información suficiente.	Expresa correctamente y con suficiente claridad, las relaciones matemáticas entre los datos pero no expresa el texto del problema con la información suficiente.	Expresa correctamente y con suficiente claridad, las relaciones matemáticas entre los datos y expresar el texto del problema con la información suficiente.
	Redactar el problema matemático.	No utiliza situaciones reales con datos de la práctica y presenta dificultades con la ortografía y la redacción.	Utiliza situaciones reales con datos de la práctica, pero presenta dificultades con la ortografía y la redacción.	Utiliza situaciones reales con datos de la práctica, correcta ortografía y redacción.
Trabajo en el problema.	Orientaciones previas para el trabajo con el problema.	Las orientaciones brindadas no garantizan las condiciones de los alumnos para enfrentarse al problema y no logra motivarlos.	Las orientaciones brindadas garantizan las condiciones de los alumnos para enfrentarse al problema pero no logra motivarlos.	Las orientaciones brindadas garantizan las condiciones de los alumnos para enfrentarse al problema y logra motivarlos.

ANEXO II

Entrevista a profesores.

Objetivo: conocer el dominio del profesor de los elementos a tener en cuenta para la formulación de un problema que integre los contenidos de las áreas matemáticas.

Indicadores:

Determinar los contenidos matemáticos a integrar.

Elaborar los elementos estructurales del problema matemático.

Redactar el problema matemático

Compañero se esta realizando una investigación sobre la preparación del profesor de

para dirigir el aprendizaje de la Matemática en la formulación y tratamiento de problemas matemáticos que integren los contenidos de las áreas, por lo que necesitamos de su colaboración

1. ¿Consideras importante la formulación de problemas que integren los contenidos de las áreas matemáticas?
2. ¿Qué preparación tienes en este sentido?
3. ¿Qué elementos tiene en cuenta para la formulación de un problema que integre el contenido de las áreas matemáticas?
4. ¿Qué vías utilizas para determinar los contenidos matemáticos a integrar?
5. Conoces algún procedimiento para elaborar los elementos estructurales de un problema. Ejemplifique.
6. ¿Qué requisitos se deben cumplir para redactar un problema?

ANEXO III

Resultados de la entrevista aplicada.

Con la aplicación de la entrevista se comprobó que existen dificultades que constituyen barreras e inciden en la preparación del Profesor General Integral de Secundaria Básica para desarrollar el programa de la asignatura Matemática.

Dos de los profesores son licenciados en alguna especialidad, con cuatro años como promedio y dos se encuentran estudiando la licenciatura en la especialidad de Profesor General Integral.

Dos de estos profesores entrevistados refieren que recibieron preparación para enfrentar el programa de Matemática en los estudios de la licenciatura, (estos son los docentes en formación de la especialidad de Profesor General Integral) y dos plantean que lo han hecho en la preparación de la asignatura.

Al referirse a los elementos de un problema tres profesores no fueron capaces de mencionarlos, uno se refiere a lo dado y lo buscado, manifestándose desconocimiento de estos elementos, pues solo manifiestan como importante la redacción y no tienen en cuenta la relación entre los elementos del problema, además no pudieron referirse a las metodologías para formular y dar tratamiento a problemas.

Los seis profesores plantean que en la escuela no reciben ninguna preparación para formular y tratar problemas, y que en ocasiones se ha trabajado la metodología para resolver problemas.

Los seis profesores reconocen que no han recibido preparación para lograr la integración de los contenidos de las áreas matemáticas.

Dentro de las barreras mencionadas por la totalidad de los profesores se encuentran la falta de actividades dirigidas a este contenido en la preparación de la asignatura, limitada información técnico metodológica al respecto, plantean el poco tiempo de que disponen para el mismo.

Resultados por Indicadores:

De la evaluación realizada de cada indicador se puede concluir:

En el indicador determinar los contenidos matemáticos a integrar se encontraron en el nivel bajo 4 profesores representando el 66,6% y 2 en el nivel medio para un 33,3%.

En el indicador elaborar los elementos estructurales del problema matemático 5 profesores se encontraban en el nivel bajo para un 83,3 % y 1 en el nivel medio representando un 16,6 %.

En el indicador redactar el problema matemático se encontraban 3 profesores en el nivel bajo representando un 50%, 2 en el nivel medio para un 33,3% y 1 en el nivel alto para el 16,6%.

De forma general en esta dimensión los 6 profesores se encontraban en el nivel bajo evidenciando la insuficiente preparación que poseen para la formulación de problemas.

ANEXO IV

Encuesta a profesores.

Objetivo: constatar el nivel de preparación de los Profesores Generales Integrales para dirigir el trabajo en la formulación y tratamiento de problemas que integren los contenidos de las áreas matemáticas.

Indicadores:

Determinar los contenidos matemáticos a integrar.

Elaborar los elementos estructurales del problema matemático.

Redactar el problema matemático

Muestra:

6 profesores de noveno grado de la Secundaria Básica Máximo Gómez Báez

Criterio de selección de la muestra:

Estos profesores dirigen el proceso de enseñanza aprendizaje de la Matemática en el noveno grado.

Estimado profesor, se está llevando a cabo una investigación sobre la preparación que posees para dirigir el trabajo en la formulación y tratamiento de problemas que integren los contenidos de las áreas matemáticas, por lo que es necesario que respondas con la mayor sinceridad posible las siguientes preguntas.

Cuestionario.

1. ¿Tienes la preparación necesaria para impartir el programa de la asignatura Matemática en noveno grado?

____ Totalmente ____ En parte ____No

2 ¿Qué papel desempeña la formulación y tratamiento de problemas a partir de las nuevas transformaciones de la enseñanza de la Matemática?

3. ¿Recibes alguna preparación para dar tratamiento a los problemas que integren los contenidos de las áreas matemáticas?

_____ Si ____ No

En caso de ser afirmativo refiera quien realiza dicha preparación.

4. ¿Cómo se te prepara desde la preparación metodológica para garantizar la integración de los contenidos de las áreas Matemática?

5. ¿Qué recomiendas para lograr mayor efectividad de la preparación metodológica y que en la mismas se desarrollen verdaderos debates profesionales?

ANEXO V

Resultados de la encuesta aplicada.

La experiencia de los profesores para impartir el programa de Matemática se limita solamente a los años de las transformaciones, uno nunca ha impartido el programa de noveno grado, solo dos cuentan con dos años de experiencia en las transformaciones y dos están estudiando para licenciarse.

Reconocen la importancia de la formulación y tratamiento de problemas en los nuevos planes de estudios, pero expresan no sentirse preparados para realizar dicha actividad.

Refieren que reciben preparación por parte del responsable de asignatura, pero que aún es insuficiente en cuanto a la formulación de problemas que integren contenidos de las áreas matemáticas.

Resultados por Indicadores:

De la evaluación realizada de cada indicador se puede concluir:

En el indicador determinar los contenidos matemáticos a integrar se encontraron en el nivel bajo 4 profesores representando el 66,6% y 2 en el nivel medio para un 33,3%.

En el indicador elaborar los elementos estructurales del problema matemático 5 profesores se encontraban en el nivel bajo para un 83,3 % y 1 en el nivel medio representando un 16,6%.

En el indicador redactar el problema matemático se encontraban 3 profesores en el nivel bajo representando un 50%, 2 en el nivel medio para un 33,3% y 1 en el nivel alto para el 16,6%.

De forma general en esta dimensión los 6 profesores se encontraban en el nivel bajo evidenciando la insuficiente preparación que poseen para la formulación de problemas.

ANEXO VI

Entrevista a Jefes de Grado.

Objetivo: constatar el dominio de los Jefes de Grado acerca de la preparación que posee el Profesor General Integral para dirigir el trabajo en la formulación y tratamiento de problemas que integren los contenidos de las áreas matemáticas y las vías que utiliza para su preparación.

Muestra: Tres Jefes de Grado.

Criterio de selección:

Los responsables del control de la dirección del proceso de enseñanza aprendizaje y la preparación de los profesores.

Guía para la entrevista:

¿Qué importancia le concede al trabajo con los problemas que integren los contenidos de las áreas matemáticas?

Valore la preparación que poseen sus profesores para el trabajo en la formulación y tratamiento de problemas que integren los contenidos de las áreas matemáticas.

¿Qué actividades metodológicas has desarrollado para prepararlos en este sentido?

¿Qué elementos tienes en cuenta para planificar, ejecutar y evaluar estas actividades?

Argumente los avances que ha logrado en la preparación de los profesores para el trabajo en la formulación y tratamiento de problemas que integren los contenidos de las áreas matemáticas.

ANEXO VII

Resultados de las entrevistas realizadas a los Jefes de Grado.

La entrevista fue aplicada cumpliendo estrictamente con la guía previamente elaborada de forma individual.

Los tres compañeros entrevistados manifestaron que el responsable de asignatura a nivel municipal periódicamente realiza la preparación de la asignatura en reuniones para directores y Jefes de Grado.

Los tres Jefes de Grado plantean que el nivel de preparación de los profesores para formular problemas es bajo, pues no se han desarrollado acciones para esta actividad, Todos coinciden que falta bibliografía al respecto, en la preparación de la asignatura no se realiza un adecuado tratamiento a este contenido y no se cuenta con el personal preparado para trabajar este contenido con los profesores.

ANEXO VIII

Observación a clase.

Objetivo: constatar la preparación que posee el profesor en el trabajo con problemas que integren los contenidos en las áreas matemáticas y las diferentes vías que utiliza para darle tratamiento.

Indicadores:

Orientaciones previas para el trabajo con el problema.
Procedimiento heurístico para el trabajo en el problema.

Muestra: 10 clases de consolidación.

Criterio de selección:

En la clase de consolidación es donde el profesor demuestra su preparación para el trabajo con problemas.

Guía de observación:

Aspectos a controlar:

Trabaja en la clase algún problema.

Trabaja la integración de los contenidos de las áreas matemáticas en el problema.

¿Qué vía utiliza?

Garantiza con las acciones que realiza la preparación previa de los alumnos.

Logra la motivación en los alumnos para el trabajo en el problema.

Brinda durante el trabajo en el problema diferentes niveles de ayuda que les permitan a los alumnos con mayores dificultades resolver el problema.

Se evidencia durante toda la clase la preparación necesaria del profesor para dirigir el trabajo con los problemas.

ANEXO IX

Resultados de la observación.

En las 10 observaciones realizadas a las clases de consolidación sólo en 3 se realizaron actividades donde se resolvieron problemas y en ninguna, problemas que integren contenidos, corroborándose que los profesores adolecen de conocimientos teóricos referidos a la formulación de problemas y las diferentes vías para darle tratamiento en sus clases, pues es muy limitado su desempeño al realizar esta actividad.

El desempeño de los profesores se limita al desarrollo de algunos ejercicios del contenido que se está tratando. El tratamiento a los problemas se realiza solo en tres de estas actividades, los que son tratados como una vía para fijar el contenido y no como objeto de estudio. En estas actividades no es tratada la formulación de problemas como lo exige el programa de noveno grado.

Las acciones dirigidas a las orientaciones previas en el alumno no son suficientes, pues no crean las condiciones necesarias para que los alumnos logren resolver el problema.

En la observación del desempeño del profesor se pudo evidenciar que las diferentes acciones que realiza en la orientación del problema no logran motivar suficientemente a los alumnos. Además muestra limitaciones para ofrecer diferentes niveles de ayuda a los alumnos con mayores dificultades para resolver el problema.

Resultados por Indicadores:

1. El primer indicador a medir es el relacionado con las orientaciones previas para el trabajo con el problema, donde se encuentran en un nivel bajo 3 profesores, pues es insuficiente las orientaciones brindadas, no garantizan las condiciones de los alumnos para enfrentarse al problema y no se logra motivarlos, 2 en medio y 1 en alto. En cuanto a los procedimientos heurístico para el trabajo en el problema empleados no

fueron efectivos, ubicándose en este indicador 4 profesores en el nivel bajo y 2 en medio.

ANEXO X

Análisis de los productos del proceso pedagógico.

Guía de análisis al plan de clase

Objetivo: constatar la frecuencia con que los profesores dan tratamiento a los problemas en sus clases y los pasos metodológicos que siguen.

Aspecto a analizar:

1. Trabaja en la clase algún problema.

Siempre_____ A veces______ Nunca_____

2. El problema tratado posibilita la integración de los contenidos de las áreas matemáticas.
3. Declara en la clase el fin que persigue con el trabajo con el problema.

Si____ No______ A veces_______

4. Qué vía utiliza para dar tratamiento al problema en la clase.
5. Se precisan las actividades a desarrollar después de la solución del problema.

Siempre_____ En ocasiones______ Nunca_______

Resumen

Se manifiesta que el profesor utiliza en algunas de sus clases problemas, aunque ninguno de ellos integre contenidos de las áreas matemáticas, no se declara el fin que se persigue con ellos y las orientaciones brindadas no garantizan las condiciones de los alumnos para enfrentarse al problema y no se logra motivarlos.

ANEXO XI

Análisis de los productos del proceso pedagógico.

Guía de análisis a la libreta de los alumnos

Objetivo: constatar la calidad de las actividades derivadas del trabajo con los problemas.

Aspecto a analizar:

1. En las clases de consolidación se encuentran desarrolladas actividades derivadas del trabajo con problemas.

Siempre_____ En ocasiones______ Nunca_______

2. Existe variedad en estas actividades.
3. Qué nivel de complejidad tienen las mismas.

Adecuado____ Poco adecuado____ Inadecuado_____

4. Propician las actividades desarrolladas el papel activo y protagónico del alumno.
5. Se evidencia una adecuación por niveles de desempeño cognitivo en las actividades propuestas.
6. Responden estas actividades al objetivo de la clase.

Resumen:

Se pudo constatar que aunque aparecen actividades dirigidas a la resolución de problemas estos no responden a las necesidades y potencialidades de los alumnos , no están diseñados para la necesaria vinculación con la vida, no integren contenidos de las diferentes áreas matemáticas y el papel del alumno se reduce a simple respondedor de estímulo.

ANEXO XII

Diagnóstico inicial por indicadores

Indicadores	Alto	%	Medio	%	Bajo	%
1			2	33.3	4	66.6
2			1	16.6	5	83.3
3	1	16.6	2	33.3	3	50
4	1	16.6	2	33.3	3	50
5			2	33.3	4	66.6

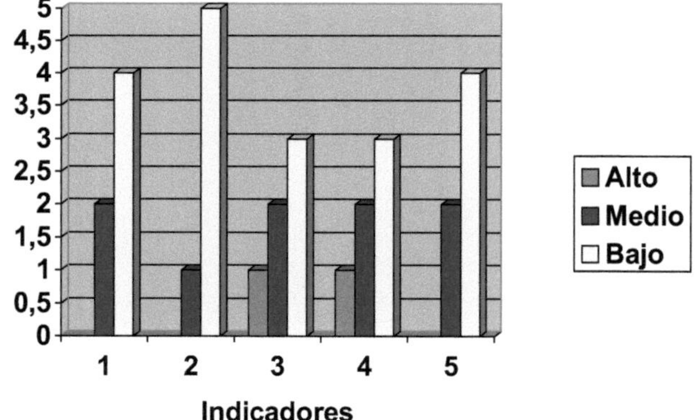

ANEXO XIII

Diagnóstico final por indicadores

Indicadores	Alto	%	Medio	%	Bajo	%
1	1	16.6	3	50	2	33.3
2	2	33.3	2	33.3	2	33.3
3	4	66.6	1	16.6	1	16.6
4	3	50	2	33.3	1	16.6
5	2	33.3	3	50	1	16.6

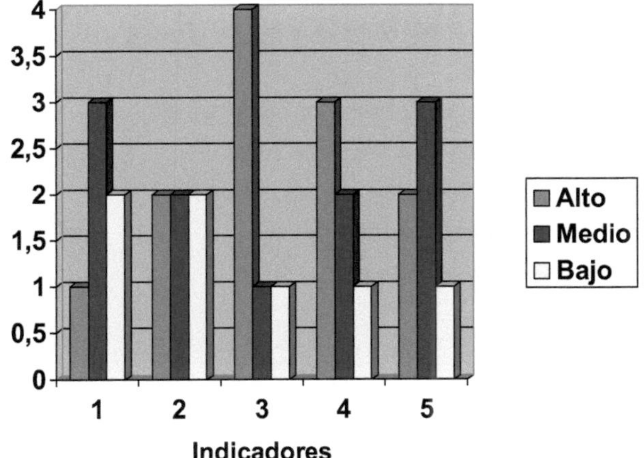

ANEXO XIV

Ejemplo de problemas elaborados por los profesores de la ESBU Máximo Gómez, donde se evidencia la integración de los contenidos de las áreas matemáticas.

1- La parcela de la escuela Secundaria Básica Máximo Gómez tiene forma triangular, las longitudes de sus lados están dadas por las expresiones 2x, 2x+3, y x-2 y su perímetro es de 231m.

a) Halla las longitudes de los lados de la parcela.
b) Clasifique el triángulo que forma la parcela según las longitudes de sus lados.
c) ¿Son posibles las longitudes obtenidas según la desigualdad triangular?

2-Determine todos los valores enteros de x, para cada uno de los cuales se cumple que los valores de:

$\frac{50}{x^2-24}$ y $\frac{72}{x^2+23}$ sean números entero.

3 En el gráfico se representa un círculo con centro en el origen de coordenadas, con un área de de 50,24 u^2.

a) Escribe la ecuación de la función correspondiente a la recta que contiene los puntos A y B.

b) Halla el área de la parte sombreada.

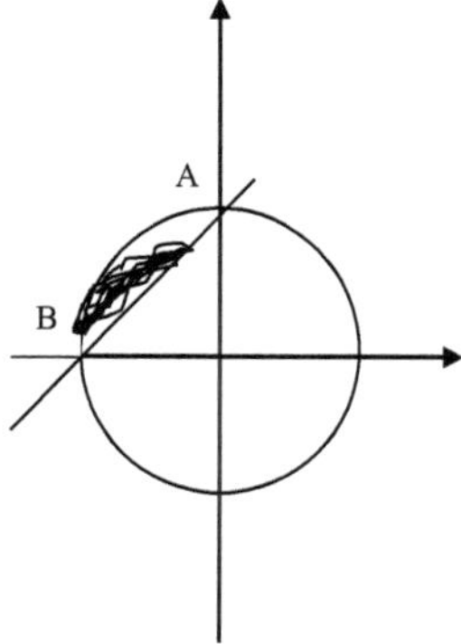

4-La plaza de la ESBU Máximo Gómez Báez, tiene forma rectangular, uno de sus lados tiene una longitud de 60m. En estos momentos se amplia de modo que las longitudes de sus lados van a tener 10m más que la original, alcanzando 1110m^2 más de superficie. Halla las longitudes originales.

5 -La gráfica muestra el recorrido que hace un niño desde su casa al parque, ida y vuelta, si sale de su casa a las 9.00am.

a) ¿A qué hora llegó al parque?
b) ¿A qué hora salió del parque para su casa?
c) ¿A qué hora llegó a su casa?
d) Clasifique el cuadrilátero formado en el gráfico que muestra el recorrido.

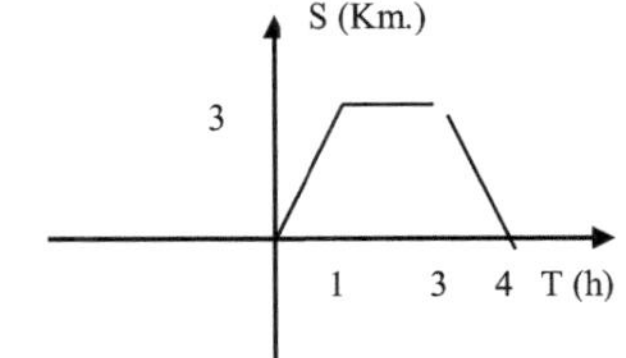

6 - Un tanque de forma cilíndrica de 4,0 m de radio en su círculo base, contiene 67.2 m3 de agua, que representa el 70% de su capacidad. Calcula la altura del tanque.

a) ¿Cuántos litros de agua le faltan al tanque para llenarse?

Printed by Books on Demand GmbH, Norderstedt / Germany